3D视觉大发现

如何复活一只恐龙

匈牙利格拉夫–阿特出版公司/著绘　朴成奎　韩佳颐/译

中原出版传媒集团
中原传媒股份公司
大象出版社
·郑州·

图书在版编目（CIP）数据

如何复活一只恐龙 / 匈牙利格拉夫 - 阿特出版公司著绘 ; 朴成奎，韩佳颐译 . — 郑州 : 大象出版社 ,2019.12
ISBN 978-7-5711-0364-4

Ⅰ . ①如… Ⅱ . ①匈… ②朴… ③韩… Ⅲ . ①恐龙 - 儿童读物 Ⅳ . ① Q915.864-49

中国版本图书馆 CIP 数据核字（2019）第 234960 号

© Graph-Art, 2013
Dinos 2.
Written by
Bagoly Ilona, Dönsz Judit, Dr. Martonfalvi Zsolt,
Szél László
Illustrations:
Bedzsula István, Farkas Rudolf, Ruzsinszki Zsolt,
Szendrei Tibor, Varga Zsigmond
The simplified Chinese translation rights arranged
through Rightol Media
Email:copyright@rightol.com
豫著许可备字 -2019-A-0101

如何复活一只恐龙
RUHE FUHUO YI ZHI KONGLONG

匈牙利格拉夫 - 阿特出版公司　著绘　　朴成奎　韩佳颐　译

出 版 人	王刘纯
策　　划	王兆阳
特邀策划	张　萍
责任编辑	宋　伟
特约编辑	张　萍
责任校对	毛　路
封面设计	徐胜男

出版发行　大象出版社（郑州市郑东新区祥盛街 27 号　邮政编码 450016）
　　　　　发行科　0371-63863551　总编室　0371-65597936
网　　址　www.daxiang.cn
印　　刷　深圳当纳利印刷有限公司
经　　销　各地新华书店经销
开　　本　889 mm×1194 mm　1/16
印　　张　4
字　　数　188 千字
版　　次　2019 年 12 月第 1 版　2019 年 12 月第 1 次印刷
定　　价　29.80 元
若发现印、装质量问题，影响阅读，请与承印厂联系调换。
印厂地址　深圳市坂田工业区五和大道 47 号
邮政编码　518129　　电话　0755-84190499

目录 CONTENTS

从三叠纪到白垩纪，恐龙在地球上存活了1亿5000万年。自恐龙化石被发现以来，人们对这种史前庞然大物的探索从未停止。恐龙是如何诞生的？又是如何消亡的？为什么古生物学家凭借着一些恐龙化石就能复原出恐龙的画像？如果我们要复活恐龙，除了需要复原当时地球的生存环境，还必须满足哪些条件？你最想复活哪一只恐龙呢？

　　关于恐龙，你知道些什么呢？恐龙是不是冷血动物？恐龙下蛋还要摆造型？科阿韦拉角龙的大角有多长？梁龙6米长的大脖子能完全竖起来吗？迷惑龙一次能吸入数百升空气？昆卡猎龙的"驼峰"要给对手"发信号"？冰脊龙的"猫王发型"是为了"社交"？……

　　快戴上3D眼镜，和我们一起开始恐龙的发现之旅吧！

恐龙是如何
诞生的?

恐龙生活的时代

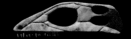

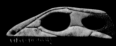
双孔型头骨

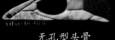

无孔型头骨

合弓型头骨

征服陆地

　　地球上最早的两栖动物出现在距今大约4亿年前的泥盆纪，它们也是最早的四足脊椎动物。这些动物在幼体阶段是用鳃呼吸的，一旦发育成熟，它们就改为用肺和皮肤呼吸，与现在的青蛙、火蜥蜴和蝾螈等两栖动物差不多。四肢的出现意味着它们从此可以在陆地上行动，不过它们依然需要水来进行繁殖。羊膜脊椎动物（即爬行类、鸟类和哺乳类）是早期两栖动物的后代，所有羊膜脊椎动物都有一个共同的特点，那就是它们不再依赖水进行繁殖。"羊膜"是胚胎外部包裹的一层保护膜。所有羊膜脊椎动物都是体内受精的，它们都用肺来呼吸，身体外层长着结实的皮肤，能够起到较好的防水作用，有的还长着鳞片、毛发或羽毛。这些特征使早期羊膜脊椎动物能在远离河流、湖泊和海洋的地方找到合适的生存环境，从而逐渐演变成真正的陆地动物。

　　羊膜脊椎动物出现约3000万年后，世界上已知的第一种真正的爬行动物——林蜥出现了。林蜥生活在距今3.15亿年前，它的长相很像蜥蜴，以昆虫为食，四肢像现代爬行动物一样长在身体两侧。

　　阔齿龙生活在二叠世早期，它是我们已知的第一种四足陆生动物。它纯粹以植物为食。虽然看起来像一只爬行动物，但其实它属于两栖动物类。

颞颥孔

　　双孔类爬行动物，是指在头骨的两个眼窝后面各进化出一个特殊开孔的动物，这个开孔叫作"颞颥孔"。恐龙也是双孔类爬行动物的一种。颞颥孔减轻了头骨的重量，增大了附着在头骨上的肌肉面积，从而使颅骨变得更加灵活，便于更好地进食。

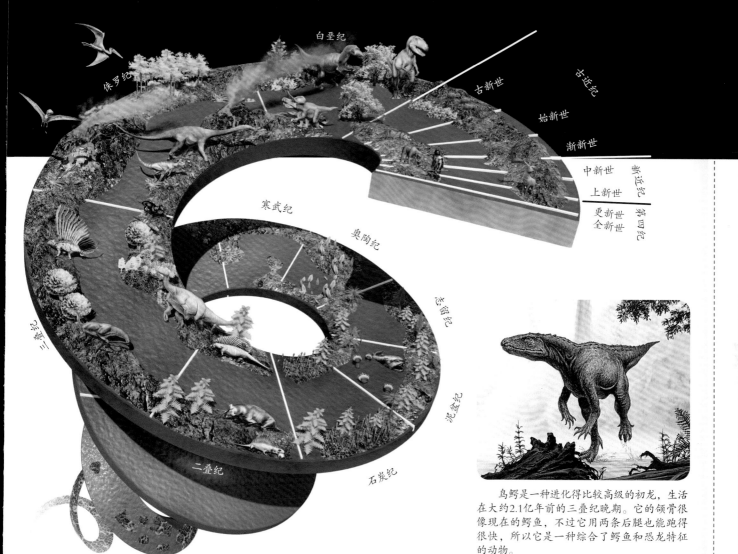

白垩纪

侏罗纪

古新世

古近纪

始新世

渐新世

中新世　新近纪

上新世

更新世　第四纪

全新世

寒武纪

奥陶纪

志留纪

泥盆纪

三叠纪

二叠纪

石炭纪

鸟鳄是一种进化得比较高级的初龙，生活在大约2.1亿年前的三叠纪晚期。它的颌骨很像现在的鳄鱼，不过它用两条后腿也能跑得很快，所以它是一种综合了鳄鱼和恐龙特征的动物。

合弓纲与蜥形纲

大约3.24亿年前的石炭纪，羊膜脊椎动物进化成两个主要的生物群。一个叫合弓纲，也叫兽形纲，主要由各种与哺乳类关系较近的物种组成，包括所有已经灭绝的原始哺乳动物和现存的哺乳动物。它们头骨两侧的眼窝后面各有一个颞颥孔。另一个叫蜥形纲，指各种与爬行类关系较近的物种，包括龟鳖目等头骨上没有颞颥孔的无孔亚纲、头骨两侧各有一个颞颥孔的双孔亚纲等。包括恐龙在内所有已经灭绝的爬行动物以及现存的爬行动物，加上鸟类及其祖先，统统都属于蜥形纲。

恐龙的祖先

早期的初龙是进化史上非常重要的双孔类爬行动物。在初龙的时代，海洋和陆地上都出现了掠食性的初龙，它们的牙齿镶嵌在颌骨的牙槽里。有些陆地上的初龙可以直立起身子，用两条后腿快速奔跑，而它们的前肢则退化得很短，甚至无法触碰到地面。这种两足型初龙主要用尾巴来保持平衡。恐龙就是这种两足初龙的后代。大约从距今2.3亿年前的三叠纪中期开始，恐龙在进化上就与初龙分道扬镳了。除了恐龙，初龙也是翼龙目（一种会飞的爬行动物）和鳄目的祖先，最早的翼龙和鳄鱼也是在三叠纪进化而来的。

始祖单弓兽

恐龙是如何诞生的?

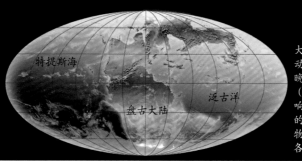

特提斯海
泛古洋
盘古大陆

三叠纪早期，远古地球的超级大陆——盘古大陆还是一个浑然的整体，所以没有什么能阻动物向世界各个角落迁徙和繁衍。而到了三叠纪晚期，特提斯海开始沿赤道向盘古大陆内部侵（左图）。到了侏罗纪时期，受板块漂移作用响，盘古大陆分裂成了南方的冈瓦纳古陆和北的劳亚古陆。环绕两块超级古陆的大海也成了物迁徙时不可逾越的鸿沟。从此，这两块古陆各自演化出了不同类型的恐龙（右图）。

三叠纪

世界上最早的恐龙出现在距今2.3亿～2.25亿年前的三叠纪，它们当时生活的地域大致在现在的南美洲，因为现今最早的恐龙标本就是在南美地区发现的。在这些早期恐龙中，已经出现了身长1～2米的始盗龙、曙奔龙和南十字龙等掠食性的兽脚亚目恐龙。它们的外貌大同小异，主要捕食植食性的蜥脚亚目或原蜥脚下目恐龙，比如体长约8米的板龙或约11米的里奥哈龙。世界上第一种鸟臀目恐龙（即其臀部构造与鸟类相似）是体长约1米的皮萨诺龙，它至少在2.28亿～2.2亿年前就已经存在了。大约在2.2亿年前，这三大类恐龙的足迹开始向世界各地扩散，其间可能有几波大规模的迁徙，最终到达了现在的北美洲、非洲和欧洲。在适应新栖息地的过程中，恐龙也逐渐进化出了更复杂的身体结构和更高大的体形。

进化的死胡同

尼亚萨龙是20世纪在非洲坦桑尼亚的尼亚萨湖附近发现的一种恐龙，它生活在距今2.43亿年前的三叠纪。最近，科学家们在深入研究尼亚萨龙的化石后得出结论：尼亚萨龙有可能是初龙，也有可能是恐龙。不过如果它真是恐龙，那它将是人类目前已知的最早的恐龙。但其家族很可能钻进了进化的死胡同，所以它的后代没有繁衍开来。

在距今约2.51亿年前，也就是二叠纪与三叠纪交界的时期，地球上多达96%的海洋生物和70%的陆地脊椎动物（包括60%的爬行动物和两栖动物）迅速地灭绝了。一般认为，这次生物大灭绝是大陆漂移导致的。当时携带着不同动植物群的各个大陆板块碰撞接壤，形成了一个叫盘古大陆的超级大陆。这导致了气候的急剧变化和海平面的持续波动，使环境变得越来越恶劣。在愈演愈烈的竞争中，生存能力较弱的物种被大自然淘汰，最终走向了灭绝。

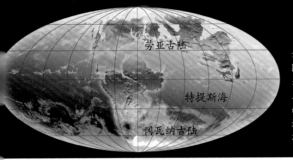

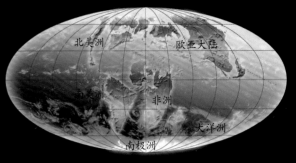

白垩纪时期，劳亚古陆分裂成了北美大陆和欧亚大陆。南半球的陆地也分裂开来，南美洲与非洲分离，新几内亚仍和澳大利亚相连，而澳大利亚则与南极洲相连。大西洋、印度洋和太平洋盆地开始张开。

侏罗纪

进入侏罗纪后，恐龙成为地球的统治者。蜥臀目的植食性恐龙中，原蜥脚下目恐龙灭绝了，它们的领地被长着庞大的筒状躯体、长长的脖子与尾巴、小小脑袋的蜥脚下目恐龙占领。火山齿龙就是早期的蜥脚下目恐龙之一，它能长到6~10米长，但与后来动辄长到近30米的梁龙、腕龙等庞然大物相比，就是小巫见大巫了。蜥臀目的肉食性恐龙中，身材较小的虚骨龙类恐龙的数量在侏罗纪呈现爆发式增长。这类恐龙以北美地区的虚骨龙、嗜鸟龙和非洲的轻巧龙为代表。后来兽脚亚目的第二个演化支——第一批肉食性恐龙出现了。这些恐龙占据了那个时代食物链的顶端，最具代表性的有北美洲的异特龙、亚洲的永川龙等。剑龙、沱江龙和踝龙等鸟臀目恐龙也在侏罗纪出现了，但侏罗纪时期的霸主仍然是蜥臀目恐龙。

安第斯龙能长到40米长，它生活在距今1亿~9500万年前的白垩纪中期。

白垩纪

随着劳亚古陆和冈瓦纳古陆分裂成数个较小的大陆，恐龙家族也变得更加具有多样性了，至少像角龙、鸭嘴龙等部分种类的恐龙都在白垩纪迎来了进化的巅峰，所以也有人称白垩纪为"恐龙的黄金时代"。在白垩纪早期和中期，比较有代表性的大型肉食性恐龙是鲨齿龙科（目前发现的最大的鲨齿龙科恐龙是南美洲的南方巨兽龙）和棘龙科。鲨齿龙科恐龙主要捕食陆地上的大型植食性动物，而棘龙科恐龙（如重爪龙）则选择了半水栖的生活方式，鱼类是它们食谱上的主菜。然而这些曾经统治世界的大型肉食性恐龙却在白垩纪中期灭绝了，北半球的暴龙科和南半球的阿贝力龙科取代了它们的霸主地位。体形巨大的蜥脚下目恐龙中，腕龙科和梁龙科也在白垩纪灭绝了，而新的陆地巨无霸——泰坦巨龙科（如南美洲的安第斯龙）出现了。鸟臀目的肿头龙、似鸟龙等仅在白垩纪出现过。到了距今6550万年前的白垩纪末期，或许是由于遭到了小行星撞击，地球上的生态环境发生了剧变。大约就在这段时期，地球上的所有恐龙彻底灭绝了。

翼龙不是恐龙，它由三叠纪的初龙进化而来，它是最早占领天空的脊椎动物之一。真双型齿翼龙就是一种比较著名的早期翼龙。

7

恐龙帝国生存指南

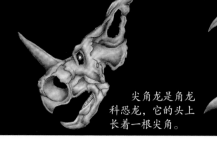

尖角龙是角龙科恐龙，它的头上长着一根尖角。

恐爪龙等肉食性驰龙科恐龙的第二根足趾上长有镰刀状的利爪，它们可以将这根趾爪单独抬起。

恐龙的显著特征

虽然恐龙是爬行动物，但是它们仍然有一些区别于绝大多数爬行动物的特征，其中最重要的一点是：恐龙的腿与骨盆的下部相连，而不是像其他爬行动物的腿一样与骨盆的侧面相连。这意味着恐龙并不是像龟类和蜥蜴那样爬行，而是像哺乳动物那样稳稳地走路甚至奔跑。肉食性的兽脚亚目恐龙主要靠两条后腿走路。鸟臀目中的绝大多数恐龙也是用后腿走路的，不过鸟臀目中的鸟脚亚目恐龙往往会使用四条腿行走。植食性的蜥脚类恐龙长着柱子似的腿，从而能够支撑起其高达40吨的体重，但如此沉重的身体也意味着它们只能用四条腿走路。在恐龙移动的过程中，尾巴对保持身体平衡起到了十分重要的作用，能使似鸡龙这种行动迅捷的两足恐龙在奔跑中快速转向。另外，对于有着大脑袋的暴龙和长脖子的蜥脚类恐龙来说，尾巴也起到了配重和平衡的作用。

通过齐心协力集体狩猎，双脊龙甚至可以捕杀一些体形相当庞大的植食性恐龙。

恐龙是温血动物还是冷血动物？

你或许认为恐龙是一种冷血动物，因为我们都知道恐龙属于爬行动物，而它们那些存活至今的爬行动物"亲戚"们基本上都是冷血动物，比如蛇、乌龟、鳄鱼等，因此恐龙想必也是一种冷血动物了。不过一些古生物学家认为，个别与鸟类和爬行类的演化史有密切关联的恐龙亚种肯定是温血动物，比如驰龙科，其他恐龙亚种的体温则取决于它们所处的环境温度。有些证据也表明某些恐龙有一定的温血动物特征，比如一些小型恐龙能够快速地奔跑，比如驰龙身上长有明显用于储热的羽毛，还长着四个心室和双循环系统。羽毛和四心室的心脏也是鸟类的特征，而鸟类正是由恐龙进化而来的。

跟现代的动物一样，恐龙的肌肉也是附着在骨骼上的。

狩猎技巧

　　大多数肉食性恐龙是单独狩猎的，速度较慢的霸王龙主要依靠出其不意的伏击，嗜鸟龙这种迅捷的猎食者能以每小时40千米的速度追捕猎物，而有些恐龙则依靠集体的力量进行狩猎，比如艾伯塔龙和伤齿龙等。牙齿和利爪是它们最主要的狩猎工具。驰龙长着镰刀状的利爪，而且大多数兽脚亚目恐龙都长着硕大的弯曲的牙齿，牙齿边缘呈锯齿状。肉食性恐龙的颌部肌肉都很发达，并紧紧地附着在长有开孔的头骨上。凭借发达的肌肉和灵活的下颌关节，它们的嘴巴能够张得很大，深深嵌在牙槽中的利齿会像钳子一样紧紧咬住拼命挣扎的猎物，然后将它大卸八块。

素食者的食谱

　　植食性恐龙的头骨要比肉食性恐龙的小，颌部肌肉也不如肉食性恐龙发达。植食性恐龙一般长着一排或几排圆锥状或扁平的叶片状牙齿，主要用来切割和研磨植物中的粗纤维，比如鸭嘴龙口腔后部的臼齿。这种类型的恐龙一般使用没有牙齿的喙状嘴扯下树上的嫩枝和叶子。植食性恐龙不会乖乖地等着猎食者来吃它们，它们也有各种各样的防御策略。比如鸭嘴龙主要靠数量御敌，因此它们选择了群居生活。角龙也采取了这一策略，除此之外，它们的头上还长有尖角，脑袋用力一顶，就能将心怀不轨的敌人开膛破肚。甲龙类恐龙一般喜欢独来独往，它们身披一层刀枪不入的盔甲，尾巴上长着一个威力惊人的"大棒槌"，一挥之下，甚至能够砸断肉食性恐龙的腿，可谓攻守兼备，不容小觑。

恐龙蛋

　　恐龙是靠下蛋来繁殖的。一些蜥脚类恐龙可以边走路边下蛋，然后任它们自生自灭。不过其他恐龙大多会在地上挖一个洞作为窝，然后一窝产下7～50枚不等的蛋。恐龙下蛋的顺序也很有意思：鸭嘴龙会把蛋下成一个圆圈，某些蜥脚类恐龙会把蛋下成一条曲线，有些小型肉食性恐龙会把蛋下成两条平行线。还有些植食性恐龙（比如萨尔塔龙）并不单独筑巢，而是由雌性集体聚集在阳光充足的沙地上产卵，让这些蛋在温暖的阳光下自然孵化。慈母龙也是一种集体筑巢的恐龙，不过它们在产卵后会保护自己的蛋，并且会在蛋孵化后照顾幼崽。

高桥龙的蛋呈椭圆形，长达30厘米，是迄今为止发现的最大的恐龙蛋化石之一。

世上曾出现过哪些恐龙？

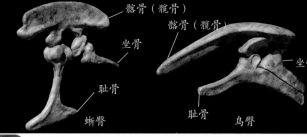

髂骨（髋骨）
髂骨（髋骨）
坐骨
耻骨
耻骨
蜥臀
鸟臀

蜥脚类

蜥脚类恐龙指蜥臀目的演化支——蜥脚亚目恐龙。它们的祖先叫原蜥脚下目恐龙，这种恐龙长着小小的脑袋、长长的脖子和尾巴。原蜥脚下目恐龙是半二足动物，也就是说，它们有时用两条后腿行走，有时用四足走路。然而它们的后代——蜥脚亚目恐龙却都是四足动物，有些更是进化成了庞然大物，比如长达45米的地震龙和长达42米的超龙等。这种巨型恐龙每天可以吃掉500千克植物（如梁龙）。它们用嘴巴前部的铅笔状牙齿扯下植物叶子，囫囵吞下，再用之前吃进胃里的小石块将它们研磨成糊状。

角鼻龙是兽脚类恐龙，它的眼睛上方长着角状的突起。

兽脚类

兽脚类恐龙又称兽脚亚目恐龙，是蜥臀目的另一个演化支。艾雷拉龙、始盗龙和南十字龙都属于兽脚亚目，它们生活在距今2.3亿年前，是已知的最古老的恐龙之一。兽脚类恐龙大都是肉食性动物，但它们的体形和身体构造却有很大的差异。比如耀龙的身体长度只有25厘米，而南方巨兽龙的长度足有14.5米，还长着一颗巨大的脑袋。在兽脚类恐龙中，似鸟龙应该是有史以来跑得最快的恐龙。据科学家们估算，似鸟龙和似鸸鹋龙（似鸸鹋龙长着圆圆的身子、长长的脖子和小小的脑袋，嘴巴呈喙状，双腿修长有力，很像一只鸵鸟）在追逐猎物时，奔跑速度可以达到每小时70千米。它们有时也吃植物，换句话说，它们是杂食性动物。鸟类在进化史上的祖先应该是手盗龙类，它们也是兽脚类恐龙。

根据臀部骨骼构造的不同，恐龙可分为蜥臀目和鸟臀目。蜥臀目恐龙的耻骨与髋骨、坐骨构成了一个三射式结构，这一区域上附着着恐龙快速运动所需的肌肉。鸟臀目大都是植食性恐龙，它们的肠子比蜥臀目的要更长一些，而且耻骨向后突起，为腹部内脏留出了更多的空间。

与许多角龙科恐龙相似，厚鼻龙也是成群觅食的恐龙。

雷利诺龙是一种行动迅捷的两足植食性鸟脚亚目恐龙。

剑龙与角龙

　　剑龙是背部长有特殊骨质甲板的恐龙。这些骨质甲板的功能之一是控制体温。华阳龙属于华阳龙科，生活在侏罗纪中期和晚期的亚洲。与稍晚出现在北美地区的剑龙科恐龙相比，华阳龙的体形要稍小一些，其头骨纵向比剑龙稍长，横向则比剑龙稍短。角龙是一种身上长角的恐龙，它们通过群居来抵御肉食性恐龙的袭击。与角龙科恐龙中出现较早的鹦鹉嘴龙不同的是，后期的角龙科成员，如三角龙、五角龙、恶魔角龙等，头部都长着用于防御的颈盾和利角。

肿头龙科：肿头龙、倾头龙、剑角龙、平头龙

蜥臀目

鸟臀目

甲龙科：甲龙、结节龙、蜥结龙、绘龙

剑龙科：剑龙、沱江龙、勒苏维斯龙、肯氏龙

兽脚亚目：暴龙、伶盗龙、伤齿龙、恐爪龙

蜥脚亚目：火山齿龙、腱龙、腕龙、叉龙

鸟脚亚目：盔龙、禽龙、亚冠龙、鸭嘴龙

角龙科：三角龙、科斯莫角龙、原角龙、奥伊考角龙

古生物学家根据盆骨构造的不同，将恐龙分为鸟臀目和蜥臀目两大类。

鸟脚亚目

　　鸟脚亚目恐龙是植食性恐龙，它们长着角质的喙，主要用两条腿走路，不过在进食时也会四条腿着地。体形较小、行动迅速的棱齿龙是棱齿龙科家族中的唯一成员，它们与禽龙科的大多数物种生活在同一时期，也就是白垩纪早期。到了白垩纪晚期，鸭嘴龙成了鸟脚亚目中最为繁盛的物种。埃德蒙顿龙和山东龙都属于鸭嘴龙家族，不过它们的头上并未长有头冠。而赖氏龙亚科的物种，如盔龙和副栉龙，它们的头上则长有大小和形状不一的头冠。

肿头龙与甲龙

　　肿头龙因其高高隆起的半球状颅骨而得名，有些肿头龙亚种的颅骨厚度可达25厘米。肿头龙生活在白垩纪，是一种群居动物。科学家们认为，雄性肿头龙会通过用头部互相撞击的方式争夺交配权。甲龙生活在侏罗纪和白垩纪，它们也是群居的植食性动物，背部长有坚硬的骨质甲板，用于抵御食肉动物的攻击，尾巴末端长着一个棒槌状的结构，可以用来击退猎食者。

你最想复活
哪只恐龙?

阿比杜斯龙或阿贝力龙

阿比杜斯龙

　　阿比杜斯龙是一种中等体形的蜥脚类恐龙，一般体长12～13米。阿比杜斯龙的模式标本仅由几块颈椎骨和一具头骨组成。相传冥王奥西里斯的头颅和脖子掩埋在古埃及的阿比杜斯城，这种仅保存了头骨和颈骨的恐龙也由此得名。它的头骨和颈骨很像比它早4500万年的腕龙，不过阿比杜斯龙的牙齿更细一些。这意味着它们的口腔可以比它们的祖先容纳更多的牙齿，而且它换牙的速度也比腕龙快得多。

　　阿比杜斯龙的头骨很有特点，它的头骨可能不是融合生长的，而是由软组织连接在一起，这种构造大大减轻了头部的重量。它的头部重量大概只占体重的二百分之一。相比之下，鸟脚亚目恐龙的头部重量则达到了体重的三十分之一。

　　世界上第一具阿比杜斯龙标本是由古生物学家丹尼尔·舒尔和他的研究团队于2009年在美国犹他州著名的莫里逊组地层中发现的。该研究团队在这里发现了四枚头骨，其中有两枚保存得相当完整。这一点非常难得，因为在已知的约120种蜥脚类恐龙的标本中，仅有八种具有完整的头骨化石。

生存年代：白垩纪中期
栖息地：森林
体长：12～13米
体重：10～20吨
发现地：北美洲（美国）

阿贝力龙

　　阿贝力龙是一种肉食性的兽脚类恐龙。唯一已知的标本极不完整，但人们认为这种肉食性恐龙与食肉牛龙非常相似。阿贝力龙的发现对于恐龙研究十分重要，因为科学家们一度认为暴龙是南半球的霸主，然而事实证明阿贝力龙才是南美洲真正的主宰者。

　　在阿贝力龙的时代，南美和北美大陆还是彼此分离的，因此这两块大陆上的恐龙也都是独立进化的。阿贝力龙的体形和生活方式与在北美洲发现的艾伯塔龙十分相似，然而这两种恐龙的头骨结构有很大区别，所以科学家们就单独为阿贝力龙建立了一个属来进行分类。

　　人们是通过一块85厘米长的残缺头骨得知阿贝力龙的存在的。它是阿根廷的一位博物馆馆长罗伯特·阿贝力在科马约发现的。1985年，阿根廷古生物学家何塞·波拿巴和费尔南多·诺瓦斯对它进行了分类和描述。为了纪念这块头骨的发现者和发现地，这种恐龙被命名为"科马约阿贝力龙"。

生存年代：白垩纪晚期
栖息地：森林
体长：7~9米
体重：2吨
发现地：南美洲（阿根廷）

15

奥伊考角龙、艾伯塔龙或阿拉摩龙

奥伊考角龙

奥伊考角龙是一种长约1.5米、重25～30千克的植食性恐龙，它也是体形最小的角龙之一。它长着鹦鹉状的喙，颈部有一个护盾状结构，口鼻部上方长着一只角，这些都是角龙科动物的典型特征。奥伊考角龙生活在白垩纪晚期的西特提斯群岛。它或许是采用了"跳岛战术"，一直沿着海岸从一个岛屿到另一个岛屿，最后迁徙到今匈牙利境内的栖息地。

世界上第一具奥伊考角龙化石标本是奥蒂洛·厄希和他的同事们于2009年在匈牙利的伊哈库特发现的，2010年被描述为一个新物种。为了纪念发现地附近的奥伊考镇和曾经在此居住的古生物学家卡洛伊·科兹玛，这种恐龙被命名为"科兹玛奥伊考角龙"。奥伊考角龙的骨骼化石是在8600万～8400万年前堆积形成的漫滩和河道的沉积泥沙中出土的。

生存年代：白垩纪晚期
栖息地：湿地丛林和草甸
体长：1.5米
体重：25～30千克
发现地：欧洲（匈牙利）

这些骨骼化石是本世纪初于匈牙利首次发现的。不久之后，它被正式命名为"奥伊考角龙"。奥伊考角龙的发现，对于恐龙研究具有重大意义，因为它改写了角龙家族的历史。在此之前，科学家们认为，角龙只存在于亚洲和北美洲。然而匈牙利的这次发现表明，角龙科恐龙在欧洲也存在过。奥伊考角龙可能是分几批从亚洲迁徙到欧洲，并最终定居在今天的包科尼地区的，因为当时这一带是热带性气候。

艾伯塔龙

艾伯塔龙靠两条强劲有力的后腿移动，它的前肢非常细小，前爪只有两趾。它的牙齿极为锋利，体形要比同时期的暴龙小一些。它的眼睛长在头部的两侧，所以它无法直视前方，因此它的距离感可能不是很好，不过它的视野却更加开阔，可以更好地观察周围环境。在一个地方曾经发现过22具艾伯塔龙标本，这说明艾伯塔龙是一种集体狩猎动物。

北美地区曾出土过大量艾伯塔龙的化石，这为我们了解这种动物的生长发育提供了基础。迄今发现的化石中，最小的艾伯塔龙个体只有2米高，体重约为50千克。年龄最大的一只应该有28岁，体长达到了10米。艾伯塔龙在13～17岁时达到发育的高峰期，其体重平均每年可增120千克，而暴龙在这一年龄段里每年可增重600千克。

生存年代：白垩纪晚期
栖息地：漫滩森林
体长：9～10米
体重：1.3～1.7吨
发现地：北美洲（美国、加拿大）

该物种的正模标本是1844年由约瑟夫·蒂勒尔在加拿大的马蹄峡谷组发现的。当时他们并未意识到这是一个新的物种，而是将这个残缺不全的头骨归入一个已有的属——暴龙属。后来它被重新命名为"伤龙"，直到1905年才改名为"艾伯塔龙"。

一些古生物学家认为阿瓦拉慈龙是一种不会飞的早期鸟类，许多插图也将它画成了一种长满羽毛的动物。阿瓦拉慈龙生活在白垩纪晚期的森林里。这种2米高的动物似乎跑得很快。它们会用长长的爪子在地上捕捉昆虫。它是以历史学家格雷戈里奥·阿瓦拉慈的名字命名的。

阿拉摩龙

　　只有一种恐龙属于阿拉摩龙属，那就是圣胡安阿拉摩龙。它是以其发现地Ojo Alamo（白杨山地层）命名的。阿拉摩龙是一种体形巨大的四足植食性动物，也是迄今为止北美洲发现的体形最大的恐龙。其特点是脑袋很小，脖子很长且向前伸展，与它巨大的身躯和好几米长的大尾巴相比，它的脑袋简直小得不成比例。阿拉摩龙光是一节颈椎骨的长度就超过了1米，这也充分说明了这种生物的巨大。

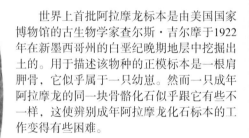

　　世界上首批阿拉摩龙标本是由美国国家博物馆的古生物学家查尔斯·吉尔摩于1922年在新墨西哥州的白垩纪晚期地层中挖掘出土的。用于描述该物种的正模标本是一根肩胛骨，它似乎属于一只幼崽。然而一只成年阿拉摩龙的同一块骨骼化石似乎跟它有些不一样，这使辨别成年阿拉摩龙化石标本的工作变得有些困难。

　　从化石特征看，阿拉摩龙是在白垩纪晚期突然出现在北美洲西南部地区的，而且迅速成了这一地区的优势动物。科学家们认为原因可能在于它们是经由连接南美和北美大陆的巴拿马地峡迁徙而来的。除阿拉摩龙外，一种叫作风神翼龙的巨大飞行爬行动物在那个时代也很常见。因此，在说到这一时期时，这两种动物的名字经常会被提起。

生存年代：白垩纪晚期
栖息地：干燥平原
体长：21米
体重：30吨
发现地：北美洲（美国）

近鸟龙、近蜥龙或异特龙

近蜥龙的头骨

近鸟龙

近鸟龙属的唯一物种是赫氏近鸟龙。顾名思义，这种四肢修长的兽脚类恐龙代表了从恐龙向鸟类过渡的一个重要阶段。它小小的身体长满了小而厚实的羽毛，前肢上长有飞羽。近鸟龙翅膀的形状表明，它还无法像真正的鸟类那样自由地飞翔。科学家们认为，近鸟龙应该可以用爪子抓住树枝腾跃，然后用翅膀进行滑翔。和现代鸟类不同的是，近鸟龙的腿上长有辅助滑翔的飞羽。

> 生存年代：侏罗纪晚期
> 栖息地：森林
> 体长：0.3米
> 体重：几百克
> 发现地：亚洲（中国）

2009年，中国古生物学家徐星基于一具几乎完整的骨骼描述了近鸟龙的正模标本。这具骨骼化石是在辽宁省出土的，还有部分羽毛的痕迹保存了下来。第二具发现的近鸟龙标本的羽毛印痕更加完整，可以看出它的头顶还长着一个覆满羽毛的头冠。虽然目前获得正式描述的标本只有三具，但全球各地的博物馆中还收藏着多达几百具的近鸟龙化石。

> 科学家们通过微观手段检测了近鸟龙羽毛中黑色素体的细胞构造，并与现代鸟类进行了对比。结果发现，近鸟龙应该长有橘红色的头冠，而它身体上的羽毛应该是黑色和白色的。

近蜥龙

近蜥龙是侏罗纪早期的一种小型植食性恐龙。它用勺形的牙齿啃食树上的叶子和地面上的植被。它大多数时间是用四肢走路的，不过当它想抓取什么东西，或是需要逃离猎食者的追击时，就会直起身子，用两条后腿支撑或逃跑。它的前肢可以向内弯曲，前肢的"拇指"可以很好地钩住东西。

大部分科学家将近蜥龙认定为一种原蜥脚类恐龙，也就是说，它应该是阿根廷龙等大型植食性恐龙的祖先。不过也不能排除它是一种过渡型的恐龙，而且说不定它有时也吃肉。

> 近蜥龙是目前已知最古老的恐龙之一。它的化石是1818年在美国的康涅狄格州首次发现的。当时大家还不知道有恐龙这种生物，人们一度以为这些体形较小的骨骼属于人类。随着时间的推移，又有更多的近蜥龙标本被发现，直到1855年，这些标本才被认定属于爬行动物。

> 生存年代：侏罗纪早期
> 栖息地：森林
> 体长：2~2.5米
> 体重：35千克
> 发现地：北美洲（美国）、南非

圆顶龙的牙齿　　　　禽龙的牙齿　　　　板龙的牙齿

异特龙

异特龙是一种两足肉食性恐龙，它的前肢长有尖锐的利爪，口中生有数十颗锯齿状的牙齿，体长可达8～10米。异特龙一般成群狩猎，还会对猎物进行伏击。异特龙家族中最出名的物种是脆弱异特龙，不过可能还有很多未知名的物种也属于异特龙属。异特龙主要分布在北美大陆，但是在葡萄牙和坦桑尼亚等地也曾发现过它的踪迹。因此，将来可能还会有不少新物种被归入异特龙属，同时也会有一些原本被认为是异特龙属的物种被排除。

关于异特龙，最重要的发现当属1991年出土的一具几乎完整的头骨，这具标本被起名为"大艾尔"。1996年，又一具更加完整的异特龙标本"大艾尔二号"出土。大艾尔二号身上有很多伤痕，腿部的一处外伤以及由此引发的细菌感染或许正是导致它死亡的原因。因为在如此严重的伤病折磨下，它肯定已经无法自行移动和进食了。

世界上第一具异特龙化石仅有半节尾椎骨，它是于1869年被发现的，后来落入了费迪南德·范迪维尔·海登手中。这块骨骼碎片是在美国科罗拉多州中央公园的莫里逊组地层出土的。接下来的几年，又有更多的化石标本被发现。根据这些化石标本，古生物学家奥思尼尔·查尔斯·马什于1877年将该物种命名为"脆弱异特龙"。

牙齿

恐龙的牙齿外面包裹着一层厚厚的釉质，但有些比较高级的植食性恐龙只有一边的牙齿有釉质，这说明两边牙齿的磨损程度不同。有些恐龙的颌骨只能上下移动，不过有些恐龙的颌骨也能横向运动，前者是没有咀嚼功能的，只能采取吃石头的方式磨碎胃里的植物纤维。大多数肉食性恐龙在抓住猎物后，都是用巨大的弧形锯齿状牙齿将其大卸八块。

生存年代：侏罗纪晚期
栖息地：森林、长有树木的草原
体长：8～10米
体重：1～2吨
发现地：北美洲（美国）

异特龙的头骨　　　　异特龙的牙齿　　　　异特龙的骨盆

19

迷惑龙或阿根廷龙

迷惑龙

迷惑龙是地球上出现过的最庞大的陆地动物之一。它的体长可达23米，体重可达25~30吨。一直到20世纪70年代，科学家们还在疑惑如此巨大的动物是否能够在陆地上生存，因为它甚至有可能无法支撑自己的体重。所以有些科学家认为，这种恐龙至少有一部分时间是生活在水中的。后来的科学发现证实，迷惑龙的一生都在陆地上度过。2006年发现的迷惑龙足迹化石显示，迷惑龙的幼崽还可以只用两条后腿奔跑。等到它们成年之后，由于体重增加，可能就丧失了这种能力。

第一具残缺的埃阿斯迷惑龙标本是1877年由古生物学家奥思尼尔·查尔斯·马什描述的。两年后，美国的怀俄明州又发现了一具更大、更完整的迷惑龙标本。由于这两具标本看起来很不一样，导致马什将它们误认为两个不同的物种，他还将第二具标本取名为"秀丽雷龙"。直到1903年，科学界才发现了这个错误，然而很多人直至今日还在使用"雷龙"这个名称。

生存年代：侏罗纪晚期
栖息地：森林覆盖的平原
体长：21~23米
体重：25~30吨
发现地：北美洲（美国）

这种体形如此巨大的恐龙是如何呼吸的？这个问题让很多科学家疑惑了很久。科学家们在估算了迷惑龙的体形和胸腔大小后进行了一系列测试。结果显示，迷惑龙的肺部既不像典型的爬行类动物，也不像哺乳动物，否则它无法吸入足够的空气以满足如此巨大的身体所需。所以迷惑龙的肺部可能像鸟类一样有多个相连的气囊，使它一次呼吸就可以吸入数百升的空气。

阿根廷龙

阿根廷龙是一种体形极其庞大的蜥脚类恐龙，它也是有史以来最为庞大的恐龙之一，但它的蛋却只有一个椰子大小。据推测，阿根廷龙幼崽要长成长达30米的巨兽，恐怕要花费40年的时间。成年的阿根廷龙几乎全天都在进食，它们成群结队地活动，可以轻易啃食到距地面15米高的树叶。阿根廷龙根本不花时间咀嚼，而是将扯下的叶子直接吞咽进去。凭借它的体形，这种巨型恐龙是很少有天敌的。能对它形成威胁的，只有体长14米、体重达6~8吨的南方巨兽龙了。阿根廷龙的名字来自其化石的出土地——阿根廷。

科学家是近几十年才知道阿根廷龙的存在的。1987年，一个农民在地里发现了一根足有一人高的椎骨化石，由于这根骨骼化石非常巨大，起初他还以为这是一根石化的树桩。1993年，古生物学家何塞·波拿巴和鲁道夫·科里亚首次对阿根廷龙进行了科学描述。阿根廷龙的化石是在阿根廷内乌肯省的乌因库尔组发现的。不过它的正模标本残缺非常严重，只有几根肋骨、几块椎骨和一条胫骨。

阿根廷龙的描述是基于几块骨骼完成的。时至今日，它的头骨化石仍未被发现。因此，科学家们要想精确估算它的"三围"并不容易。估计一种恐龙的体形，最好的方法就是把现有的骨骼化石（比如那根1.5米长的胫骨）与拥有完整头骨的近似物种进行对比。经过对比，科学家们认为，阿根廷龙的体长可达到40米，体重100吨左右。

生存年代：白垩纪晚期
栖息地：森林
体长：30~40米
体重：100吨
发现地：南美洲（阿根廷）

腕龙

腕龙是一种典型的植食性蜥脚类恐龙。不过跟其他蜥脚类恐龙不同的是，腕龙的前腿要长于后腿，再加上它的长脖子，使它看起来很像一只长颈鹿。腕龙长着凿状的牙齿，很适合进食植物。腕龙一般成群地活动在长满蕨类和木贼类植物的平原上，或是在长满松柏、苏铁和银杏的森林中。

经过对腕龙牙齿化石的碳同位素进行分析，现已得知，这种恐龙的体温在38℃左右。尽管已经有了这样的证据，但对于腕龙究竟是温血动物还是冷血动物的争论却仍然没有停止。有些古生物学家认为腕龙是温血动物，它们的体温主要来自身体的新陈代谢。还有些科学家主张腕龙是冷血动物，它们的体温主要受外部环境影响，不过它们能够保持比较恒定的体温，只有大型的成年恐龙在消化食物时才释放出大量的热能，这种现象叫作"巨温性"。

世界上第一具腕龙骨骼标本是古生物学家埃尔默·里格斯在1900年发现的。这具腕龙的化石残缺不全，只有脊椎骨、骶骨和几块四肢骨骼，它们是在美国科罗拉多州大峡谷中出土的。9年后，古生物学家沃纳·詹尼斯在非洲的坦桑尼亚也发现了大量的腕龙化石。不过直到1998年，腕龙的颅骨化石才被首次确认。

生存年代：侏罗纪晚期
栖息地：森林
体长：26～28米
体重：25～50吨
发现地：北美洲、非洲、欧洲

波氏爪龙

波氏爪龙是一种兽脚亚目恐龙。它的命名并非为了致敬法国历史上的军事强人拿破仑·波拿巴，而是为了致敬阿根廷古生物学家何塞·波拿巴。这种恐龙身上长满了羽毛，前肢长有翼羽。它的头很像鸟的头，不过颌骨上依然生长着细小的牙齿。科学家们认为它主要以昆虫为食。最不同寻常的是，它的正模标本是与它的蛋一同出土的，只是不清楚这些蛋是已经被生下来了，还是仍在它的体内。

生存年代：白垩纪晚期
栖息地：森林
体长：2~2.5米
体重：45千克
发现地：南美洲（阿根廷）

科学家们对与波氏爪龙骨骼化石一同出土的恐龙蛋非常感兴趣，从蛋壳的碎片可以推测，蛋应该是被孵过的，蛋内的胚胎也发育得比较成熟了。用电子显微镜检测这些恐龙蛋的表面后发现，这批恐龙蛋的结构与之前发现的任何恐龙蛋都不太一样，因此科学家们专门为这种类型的恐龙蛋设立了一个类别。在仔细研究了波氏爪龙的蛋后，科学家们还首次发现了个别恐龙蛋内有真菌感染的情况。

2012年，一支由阿根廷和瑞典科学家组成的研究团队在阿根廷的巴塔哥尼亚高原西北部偶然发现了波氏爪龙的化石。这些骨骼化石非常零碎，包括部分椎骨、臀骨和四肢骨骼。同年，该物种被正式描述，并被命名为"最新波氏爪龙"，意指它是南美地区发现的阿瓦拉慈龙科家族的最新成员。

科阿韦拉角龙、巨体龙或鲨齿龙

科阿韦拉角龙

　　科阿韦拉角龙是角龙家族的一员，它的体形与现在的犀牛差不多大。它生活在距今7200万年前的沿海密林之中，主要活动范围在今天的墨西哥。这种恐龙的模式种是*C.magnacuernus*，意思是"大角"，它的角是迄今发现的所有角龙中最长的，达到了1.2米，甚至比以长角著称的三角龙还要长。可以想象，科阿韦拉角龙应该是不惧怕同时代的肉食性恐龙的。

　　这种恐龙的遗迹是在墨西哥科阿韦拉州的塞罗德普韦布洛组发现的。它的化石于2001年被首次发现，2003年被挖掘出土，2008年被命名，直到2010年才正式被描述。这归功于庞大的美国研究团队的艰辛努力。这具正模标本缺失了很多骨骼，但幸运的是头骨在很大程度上被复原了。

> 生存年代：白垩纪晚期
> 栖息地：森林
> 体长：6~7米
> 体重：2~3吨
> 发现地：中美洲（墨西哥）

> 　　科阿韦拉角龙的发现具有重大意义。它出现在一个具有独特生态系统的时期和地区。它的发现，意味着科学家们找到了恐龙进化史上缺失的一环。另外，科阿韦拉角龙也是迄今为止在墨西哥发现的唯一的角龙，并且也是在墨西哥发现的第四种获得描述的恐龙。科阿韦拉角龙的发现地也是迄今为止发现的所有角龙发现地中最靠南的。

巨体龙

　　巨体龙标本首次被发现时，在古生物学界引起了不小的轰动，它被认为是有史以来最大的恐龙，故得名"巨体龙"。在很多年里，人们一直以为它是类似北非地区的棘龙那样的双足肉食性恐龙。后来有科学家指出，它实际上是泰坦巨龙的一种。泰坦巨龙是白垩纪时期的一种身上长有骨质甲板的蜥脚下目恐龙。不过问题是，巨体龙这种四足植食性恐龙虽然有着长长的脖子和尾巴，但并不符合典型的泰坦巨龙的特征。

　　巨体龙化石是在印度一个名叫卡拉美杜的村庄东北部发现的。这些化石也是目前发现的唯一的巨体龙标本。标本的化石数量极为有限，只有部分骨盆化石、几块腿骨和一节尾椎骨化石。1989年，古生物学家雅达吉里和阿雅萨米基于这具正模标本对巨体龙进行描述。不过这篇论文发表之后却招致了大量非议，很多人指出他们的描述不准确。还有人认为，这具标本压根就是树木的化石，而不是恐龙的骨骼。

> 生存年代：白垩纪晚期
> 栖息地：森林
> 体长：40~44米
> 体重：175~200吨（存疑）
> 发现地：亚洲（印度）

> 　　巨体龙的例子也从一个侧面说明古生物学研究的艰辛。由于这些史前生物都生活在千百万年甚至上亿年前，再加上化石遗迹的匮乏和数据记录不准确等因素，有时造成的误差是相当大的，这导致科学家们在估算古生物的体形时可能会犯下严重的错误。比如巨体龙的胫骨化石的长度将近2米，比阿根廷龙大约长了30%，几乎是长颈巨龙的一倍。如果将根据这根胫骨化石推算，巨体龙的体长将达到40~44米，体重足有175~200吨。如果真是这样，那么巨体龙将是有史以来地球上出现过的最庞大的动物，甚至连蓝鲸也只能望尘莫及。

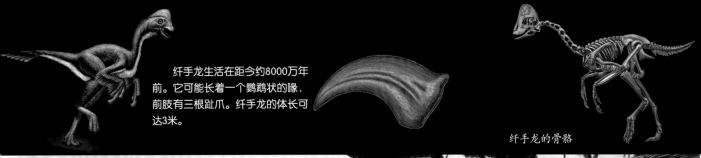

纤手龙生活在距今约8000万年前。它可能长着一个鹦鹉状的喙，前肢有三根趾爪。纤手龙的体长可达3米。

纤手龙的骨骼

鲨齿龙

　　撒哈拉鲨齿龙是一种巨大的肉食性恐龙，体形与霸王龙相仿。它长着一口锯齿状的利齿，每颗牙齿可达20厘米，很像噬人鲨的牙齿。因此，1931年，它被古生物学家恩斯特·斯特罗默命名为"鲨齿龙"。它的身材和体重实际上超过了霸王龙，只是大脑要比霸王龙小一些。鲨齿龙臀高约3.6米，主要生活在海岸线一带，以捕猎植食性恐龙为生。它的狩猎区域可达500平方千米。为了控制自己的地盘，成年鲨齿龙会与同类爆发激烈的冲突。一些鲨齿龙的颌骨化石上留下的同类的咬痕就让证明了这一点。

　　1927年，古生物学家夏尔·德佩雷和J. 萨武南在阿尔及利亚的卡玛卡玛组发现了世界上的第一具鲨齿龙标本，当时他们将该物种命名为"撒哈拉斑龙"。这个模式标本由残缺不全的头骨、骨盆以及四肢骨骼化石构成。这具珍贵的模式标本毁于第二次世界大战，不过后来又有更多的鲨齿龙化石在埃及出土。1996年，古生物学家保罗·塞里诺在北非的摩洛哥发现了一枚几乎完整的鲨齿龙头骨化石。

生存年代：白垩纪晚期
栖息地：漫滩森林、沼泽、半荒漠灌木带
体长：11~13米
体重：7~10吨
发现地：北非、西非

　　鲨齿龙的头骨长度约为1.6米，相当于一个成年人的身高。科学家们对鲨齿龙的头骨内部的结构进行建模后发现，它的颅腔的内耳构造与现代的鳄鱼差不多。它的视神经也相当发达，表明这种恐龙有相当敏锐的视力。

昆卡猎龙、孤独小盗龙或冰脊龙

昆卡猎龙

驼背昆卡猎龙是一种兽脚亚目的肉食性恐龙。它是鲨齿龙和棘龙的近亲，背上长着一个20厘米高的"驼峰"。这个尖尖的"驼峰"位于臀部上方，有可能是用来给其他恐龙"发信号"的，比如吸引异性或恐吓对手，此外它还能起到调节体温和储存脂肪的作用。昆卡猎龙的另一个有趣的特点是它的前肢长有羽毛，这种特点之前只在体形较小的恐龙身上出现过。

> 为什么昆卡猎龙化石只有前肢上留下了羽毛的痕迹呢？这一问题引起了科学家们的兴趣。有些科研人员认为，昆卡猎龙前肢上的那一排小突起是用来固定致密的羽根组织的羽茎瘤。若真如此，那么昆卡猎龙的发现就预示着羽毛的出现比科学家之前的推测还要早得多。

生存年代：白垩纪早期
栖息地：森林
体长：6米
体重：2~3吨
发现地：欧洲（西班牙）

昆卡猎龙的发现，要归功于西班牙的三位古生物学家——约瑟·路易斯·桑斯、弗朗西斯科·奥尔特加以及费尔南多·伊斯卡索。昆卡猎龙的化石是在西班牙的拉斯奥亚斯发现的。遗址上方被一片1.3亿年前的热带沼泽所覆盖。2010年，这三位西班牙古生物学家对昆卡猎龙进行了正式描述、命名。

孤独小盗龙

孤独小盗龙也是白垩纪早期的一种兽脚亚目恐龙，属阿贝力龙科，它的拉丁文学名*Dahalokely tokana*来自马达加斯加语，意为"孤独的小盗贼"。顾名思义，它是一种体形较小的恐龙，体长3~4米，是阿贝力龙科中体形最小的。由于目前发现的孤独小盗龙化石仅是少量脊柱和肋骨的碎片，因而我们对这种恐龙的了解十分有限。最有可能的推测是，在它生存的年代，在它的栖息地范围内，它应该是处于食物链顶端的一种极为凶悍的猎食者。

> 尽管发现的化石破碎不全，但孤独小盗龙的脊椎化石还是提供了一些有用的证据，从而使它的分类变得容易了一些。关于孤独小盗龙还有另一个有趣的知识：在亿万年前，马达加斯加与印度属于同一片大陆，孤独小盗龙是目前已知的唯一生活在马达加斯加岛与印度大陆尚未分离时的恐龙，因此有人认为它可能是印度阿贝力龙科的祖先。

孤独小盗龙的化石是由约瑟夫·塞蒂奇带领的一支探险队于2007年在马达加斯加的安齐拉纳纳省发现的，不过正式挖掘工作2010年才启动，随后孤独小盗龙的化石被送到美国做进一步的检测、修复，之后这些化石被送还马达加斯加。直到2013年，这种恐龙才获得正式命名和描述。

生存年代：白垩纪早期
栖息地：森林
体长：3~4米
体重：150~200千克
发现地：非洲（马达加斯加）

体长1.5米的邪灵龙是一种捕猎技巧十分高超的两足肉食性恐龙。它的上颌长满了极为尖利的牙齿。它主要以捕猎其他恐龙为食，但同时它也可能成为大型肉食性恐龙的猎物。邪灵龙生活在白垩纪晚期。

冰脊龙

冰脊龙，又名冰棘龙或冻角龙，它的化石是在南极洲发现的。在它长达65厘米的头骨上长着一个独特的冠状结构，看上去像一把西班牙式的梳子。包裹在头冠外部的皮肤应该是有色彩的。基本可以确定这个头冠主要是用于冰脊龙之间的"社交"，比如雄性冰脊龙可以用它来吸引雌性或恐吓其他雄性。由于冰脊龙的头冠很像20世纪50年代美国流行歌手"猫王"埃尔维斯·普雷斯利的发型，因此它也有"猫王龙"的别称。与冰脊龙同时代的双脊龙、角鼻龙也长着类似的头冠。

世界上唯一的冰脊龙化石标本是由威廉·汉默于1991年利用南极洲短暂的夏天，在柯克帕特里克山上采集的。那次探险中，汉默带领的探险队在距离南极点600千米的地方采集了2.5吨带有化石的岩石，其中有一百多块恐龙化石，包括一些冰脊龙的残缺头骨化石、几块脊椎骨化石以及一些四肢骨骼和盆骨的化石。正是以这些化石为基础，冰脊龙这种亿万年前的古生物才得以在1994年为公众知晓。

冰脊龙化石周边的遗迹为我们展示了一个与今天冰天雪地的南极大陆完全不同的生机盎然的世界。除冰脊龙化石外，科学家们还在这里找到了一种蜥脚类动物、一种翼龙以及一种名叫三瘤齿兽的似哺乳类爬行动物的化石，此外还发现了一些树木的化石。这表明在侏罗纪，曾经有大量生物生活在南极大陆。当时的南极大陆位于距现在位置以北约1000千米的地方，沿海地区的气温从未低于0℃。

生存年代：侏罗纪早期
栖息地：温带森林
体长：5～7米
体重：400～500千克
发现地：南极洲

叉龙

叉龙是典型的蜥脚类动物，最大体重可达10吨。它的脊椎背侧的每一节都呈叉子状向外突出，故得此名。这样的脊椎结构提供了更大的附着肌肉的区域。有科学家认为，这种叉子形脊椎可能是用来支撑它的帆状隆脊的，这个隆脊结构可以起到调节体温的作用，或是可以用来吓唬猎食者。跟梁龙超科的近亲们相比，叉龙长着一个相对较大的脑袋和一个相对较短而结实的脖子，因此它既可以吃地上的青草，也能采食距地面3米左右的低枝上的树叶。叉龙是南美洲的阿马加龙的近亲。

在发现叉龙化石的地方，同一区域的岩石中也发现了长颈巨龙和肯氏龙的化石，表明当时叉龙、长颈巨龙和肯氏龙这三种植食性恐龙是在这一地区和睦相处的。这只会出现在它们的觅食习性互不冲突的情况下，比如长颈巨龙主要吃大树上的叶子，而肯氏龙主要啃食地上的青草。

生存年代：侏罗纪晚期
栖息地：森林
体长：13～20米
体重：10吨
发现地：非洲（坦桑尼亚）

叉龙的部分骨骼化石是于1907年在非洲坦桑尼亚的敦达古鲁组发现的。有迹象表明，亿万年前，这里曾是一条河流的河口，很多不同种类的动物在这里丢掉了性命，尸体被淤泥掩埋。德国古生物学家、地质学家沃纳·詹尼斯于1914年发布了关于叉龙的描述，对研究恐龙具有极为重要的意义。

梁龙的椎骨

恶魔角龙

恶魔角龙的颈盾顶端长着一对半米长的角,这两只角微微弯曲,很容易让人联想到恶魔,故而得名。另外它的眼睛上方也长着一对短角,鼻子上还有一只更短的角。这五只长短不一的角使恶魔角龙成了所有恐龙中相貌最奇特的物种。它主要靠坚硬的喙状嘴采集植物为生,口腔后部生有臼齿,用于咀嚼食物。

伊顿恶魔角龙的化石是古生物学家詹姆斯·伊恩·柯克兰和唐纳德·德贝西于2002年发掘出土的,2010年获得正式描述。为了向古生物学家杰弗里·伊顿致敬,它被命名为"伊顿恶魔角龙"。

> 古生物学家们对角龙类的早期演化知之甚少。在目前发现的角龙种群中,已知有30多个角龙亚种来自白垩纪的第二个时期,只有三个亚种来自角龙的早期演化阶段。这也使得恶魔角龙成了角龙科家族的一个特殊成员。

生存年代:白垩纪晚期
栖息地:森林
体长:5~6米
体重:2~3吨
发现地:北美洲(美国)

梁龙

梁龙应该是最有名的蜥脚类恐龙之一了。它的体长可达27米,光是一条脖子就有6米长。以前人们以为,梁龙应该是像长颈鹿一样,把脖子向上伸得高高的(如左图)。不过现在,科学家们倾向于认为梁龙的脖子应该是水平向前延伸的,因为如果它们高举这样一条长脖子,就会给血液循环造成困难。梁龙的牙齿细小尖锐,向前突出,而且只长在颌骨前部。其强壮的前肢的足骨和足趾连在一起,有点像马的蹄子,这样腿可以像柱子一样支撑起庞大的身躯。它的前肢内侧脚趾长有趾爪,但用途还不清楚。

第一批梁龙化石是由本杰明·马奇和塞缪尔·温德尔·威利斯顿于1877年在美国科罗拉多州发现的。次年这种生物被奥思尼尔·马什命名为"长梁龙"。在接下来的50年里,又有大量的梁龙科物种被公之于世,不过现在普遍认为其中只有三个亚种是有效种。1991年,梁龙的另一个亚种——哈氏梁龙获得科学界确认,使目前已确认的梁龙亚种达到了四个。

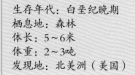

> 梁龙是尾部骨骼数量最多的恐龙之一,它的尾椎至少有80块骨头。它的尾巴有很多用途,既可以用来保持身体平衡,也可以当作自卫武器。古生物学家们认为,梁龙的尾巴可以像鞭子一样快速抽击敌人。梁龙的脊椎骨下方有两道梁状结构,这样当它把尾巴放在地面上时,可以避免血管受到压迫。

生存年代:侏罗纪晚期
栖息地:平原
体长:27米
体重:12~15吨
发现地:北美洲(美国)

驰龙、轻巧龙或艾德玛龙

驰龙

驰龙是兽脚亚目恐龙，体形大约和一只大狗相当，它是一种非常聪明敏捷的肉食性动物。它的身体上可能长满了羽毛，嘴巴很长，长着一口向后弯曲的锯齿状尖牙，四肢上长着锋锐的镰刀状趾爪，抬起来可以当钩子用。从驰龙牙齿化石的磨损程度看，驰龙在吃肉的时候，并非像与它亲缘关系较近的其他肉食性恐龙那样撕扯下一块肉来就直接吞下去，而是会咀嚼。它那较大的头骨以及下颌和牙齿的构造更像暴龙。

驰龙化石是巴纳姆·布朗于1914年在加拿大阿尔伯塔省首次发现的。首次发现的驰龙化石包括部分头骨碎片和一些四肢骨骼。后来，在美国蒙大拿州也陆续发现了一些驰龙化石。这种恐龙于1922年被威廉·迪勒·马修和巴纳姆·布朗描述并命名。驰龙的拉丁文学名的意思就是"亚伯达飞驰的恐龙"。

生存年代：白垩纪晚期
栖息地：平原
体长：1.7～1.8米
体重：15～25千克
发现地：北美（加拿大、美国）

年代测定

在地球的漫长历史中，不同性质、不同厚度的岩层会一层层地沉积起来。只要确定了这些岩层的年代，掩埋在其中的化石的年代就能大致确定了。地质学家们对于测定岩层年代已经有了很成熟的方法。其中一种方法是测定放射性物质的衰变。只要确定了岩层中的放射性物质的衰变程度，就能估算出岩层的年代。不过这种技术只适合用来测定火山岩的年代。

专家们对驰龙的骨骼化石进行了计算机断层扫描后发现，驰龙有较大的大脑。换句话说，它的智力应该可以应对比较复杂的任务，比如集体狩猎等。负责控制身体平衡的组织也得到了高度发育，因此，驰龙在捕猎时可以较好地协调身体各部分，既可以迅速奔袭，也能灵敏地转身。

埃德蒙顿龙生活在白垩纪晚期北美洲的沿海平原上。从它的化石可以推断，这种恐龙的背部基本是平行于地面的，大多数时间用四只脚着地行走，用鸭子似的嘴在地上寻找食物。部分埃德蒙顿龙化石还较好地保留了皮肤的形态。可以看出埃德蒙顿龙有两种互不重叠的鳞片，一种是随机生长的1～2毫米长的鳞片，另一种是长度为0.5～1厘米的规则排列的鳞片。埃德蒙顿龙的背部有高约8厘米的隆脊，它的体长一般在7～13米。

轻巧龙

轻巧龙长着细长的身躯和长长的脖子，乍看上去，似乎不符合典型的肉食性恐龙的形象。不过轻巧龙并不是靠力量捕杀猎物的，而是靠它的速度。轻巧龙的胫骨要长于股骨，这说明它们跑得很快。轻巧龙的前肢很短，每根前肢只有三趾，细长脖子上的脑袋也相对较小。

1920年，德国古生物学家沃纳·詹尼斯在坦桑尼亚的敦达古鲁组中发现了一具缺失头骨的轻巧龙化石。可惜的是，从那时起到现在，世界上还未发现一具完整的轻巧龙骨骼化石。

从坦桑尼亚出土的这具轻巧龙骨骼化石看，它的尾巴末端是向下方弯曲的。科学家们认为，这并非骨骼的石化过程导致的，而是一种罕见的解剖学特征。詹尼斯发现的这具轻巧龙标本目前陈列在德国柏林自然历史博物馆，化石中缺失的头骨和前肢部分由塑料模型替代。

生存年代：侏罗纪晚期
栖息地：森林
体长：5～6.2米
体重：约2吨
发现地：非洲（坦桑尼亚）

艾德玛龙

艾德玛龙是一种体形硕大的兽脚类恐龙，生活在北美地区，估计它的体长可以达到11米，身高在4.5米左右，体重可达3吨，几乎与霸王龙相仿。俗话说"一山不容二虎"，有科学家认为，在任何一个时期的任何一个地区，体格如此庞大的食肉动物最多只能存在一种，因为它的存在本身就断绝了本地区进化出其他巨型食肉动物的可能。艾德玛龙的发现也进一步支持了这种猜想。

古生物学家罗伯特·巴克于1992年将艾德玛龙描述为一个新物种。不过很多古生物学家并不认同巴克的描述。他们认为，巴克命名的恐龙标本，实际上是另一种恐龙——体形较小的谭氏蛮龙的化石。由于艾德玛龙的标本只有几块残缺不全的化石，因此说不定它真的是蛮龙家族中个别的"小个子"，只是被错误地归入了另一类恐龙。

艾德玛龙是1992年被描述的。它的化石是由罗伯特·巴克等人在美国怀俄明州的科摩崖附近发现的。目前发现的艾德玛龙标本共有三具，两具是成年恐龙，一具是幼崽。它的命名含有向古生物学家比尔·艾德玛致敬的意思。由于它与霸王龙十分相似，因此它又被称作"艾德玛霸王龙"。

生存年代：侏罗纪晚期
栖息地：森林
体长：10～11米
体重：2～3吨
发现地：北美洲（美国）

南方巨兽龙或似鸡龙

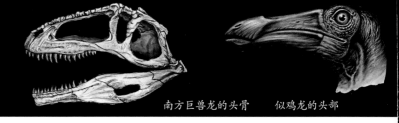

南方巨兽龙的头骨　　似鸡龙的头部

南方巨兽龙

顾名思义，这是一种体形非常巨大的恐龙，它的身材甚至要比之前发现的最大的肉食性恐龙——霸王龙还要魁梧。它也是地球上曾经出现过的最庞大的肉食性动物之一。虽然南方巨兽龙的体长比它的近亲霸王龙多了1米，但它的大脑却比霸王龙小得多。南方巨兽龙的奔跑速度有可能达到50千米/时。它的化石标本经常会在其他大型植食性恐龙（比如泰坦巨龙、安第斯龙、利迈河龙等）的化石旁边出现，因此古生物学家们推测，南方巨兽龙应该主要以猎食这些大型植食性恐龙为生。

南方巨兽龙的化石是由阿根廷的化石爱好者鲁本·卡罗利尼于1993年在南美的巴塔哥尼亚地区发现的，卡罗利尼是一名汽车修理工。为了纪念他的这一重大发现，1995年，参与化石发掘的古生物学家鲁道夫·科里亚和莱昂纳多·萨尔加多将这种恐龙命名为"卡氏南方巨兽龙"。

生存年代：白垩纪晚期
栖息地：沼泽
体长：13～14米
体重：6～8吨
发现地：南美洲（阿根廷）

南方巨兽龙的幼崽一开始发育得很缓慢，进入"青春期"后，身体才开始猛长，直到长成成年的体形。南方巨兽龙的咬合力要比霸王龙弱三分之一，但它的下颌结构很容易给猎物造成严重的切割伤。

似鸡龙

从图片中可以看出，似鸡龙那长长的脖子、腿和小小的脑袋使它看起来很像一只鸵鸟。似鸡龙从头到尾足有6米长，不过从部分化石看来，个别似鸡龙的体形或许还会更大一些。它的那双长腿很适合冲刺，奔跑时主要用尾部保持平衡。它的头骨上有两个大大的眼窝，眼睛前面长着类似鸟类的喙，喙里没有牙齿。它的喙有鸭嘴一样的棱脊。但对于似鸡龙究竟以什么为食，科学界至今还没有定论。虽然它极有可能是一种素食动物，但仍有一种可能不能排除，那就是似鸡龙偶尔也捕食蛇和蜥蜴等小型动物，或许还会偷食其他恐龙的蛋。成年似鸡龙的身高大约1.9米。

似鸡龙的化石最早是由波兰古生物学家于1963年在蒙古的戈壁滩中发现的，它的拉丁文学名*Galimimus*翻译成中文，就是"像鸡一样"。

从化石标本上看，似鸡龙幼崽的身体上似乎长着用来保持体温的原生绒毛，但现在尚无证据表明成年似鸡龙长有羽毛。

生存年代：白垩纪晚期
栖息地：平原
体长：4~6米
体重：440~460千克
发现地：亚洲（蒙古）

狮鹫角龙、蛇发女怪龙或长颈巨龙

瓜巴龙是一种体形较小的食肉恐龙，它可能主要以猎食小型脊椎动物为生。科学家们认为，瓜巴龙可能是一种原始形态的蜥臀目恐龙。而蜥臀目恐龙后来则演化出了两大分支——兽脚亚目和蜥脚亚目。

狮鹫角龙

莫氏狮鹫角龙可能是植食性恐龙中体形最小的种类之一。古生物学家们将它归类为纤角龙（又叫隐角龙）属，即头上没有长角的角龙。由于这种恐龙长得很像希腊神话中鹰头狮身的神兽"狮鹫"，故而得名"狮鹫角龙"。

生存年代：白垩纪晚期
栖息地：森林
体长：约0.5米
体重：10～15千克
发现地：北美洲（加拿大）

由于在亿万年的漫长岁月中，小型恐龙的骨骼很难良好地保存下来，因此每次发现这种小型恐龙的化石，都对古生物学有着极为重要的意义。狮鹫角龙在恐龙研究中保持着不止一项纪录。它既是已知最古老的纤角龙，也是北美地区发现的体形最小的角龙。

狮鹫角龙的化石是由列维·斯腾伯格于1950年在加拿大的阿尔伯塔省发现的，但这种恐龙直到2012年才得到描述和命名。"莫氏狮鹫角龙"中的"莫氏"二字，是为了纪念一位名叫伊恩·莫里森的博物馆技术员，正是他从化石碎片中拼出了世界上唯一的狮鹫角龙标本。该标本是一件不完整的下颌化石，科学家们认为它属于一只成年的狮鹫角龙。

蛇发女怪龙

蛇发女怪龙的名字源于希腊神话。"蛇发女怪"是希腊神话中的女妖，她的头发由无数条小蛇组成，凡人一看见她的容貌就会变成石头。蛇发女怪龙虽然没有将人石化的能力，但任何动物一旦撞见了它，恐怕也会立时吓得呆若木鸡。这种恐龙的臀高有2.8米，光是头部就有1米长。作为当时顶级的猎食者，蛇发女怪龙在湿地是当之无愧的霸主。它的主要猎物是鸭嘴龙科和角龙科的恐龙。它的下颌骨长有26～30颗锋利的牙齿，上颌骨长有30～34颗利齿。跟它的身体相比，它的头部算是相当大了。它的头上还有两道较小的隆脊。它的头骨有着中空的骨骼结构和较大的开孔，从而减轻了头部的重量。长长的尾巴则起到了配重的作用，有利于保持身体平衡。

在20世纪，有几种恐龙也被错误地划入了蛇发女怪龙属，因为一些幼年霸王龙的头骨很容易与蛇发女怪龙的头骨混淆。

世界上发现的第一具蛇发女怪龙标本是一块头骨化石，是1913年在加拿大阿尔伯塔省发现的，1914年首先由加拿大地质学家、古生物学家劳伦斯·赖博描述。目前发现的最大的一块蛇发女怪龙的头骨化石有99厘米长。

生存年代：白垩纪晚期
栖息地：湿地
体长：8～9米
体重：约2.5吨
发现地：北美洲（加拿大）

白垩纪晚期的鸭嘴龙是一种很奇特的恐龙，它有时用两条腿走路，有时用四条腿走路。当遭遇猎食者追捕的时候，它会直立起上身，用两条后腿迅速逃跑。在没有危险的情况下，它就用四条腿慢慢地走。它的后腿有三根坚硬的足趾，每根足趾末端都有爪蹄状末趾，脚底长有缓冲垫。鸭嘴龙通过群居来降低被猎食者吃掉的风险。鸭嘴龙一般体长可达10米。

长颈巨龙

布氏长颈巨龙是地球上曾经出现过的最高大的动物之一，光是它的一根胫骨就有1.12米长。如果它伸直脖子，身高可达13米。也就是说，你要爬到四楼才能摸到它的头。长颈巨龙长着凿状的牙齿，用来咬碎植物。它的头骨有多个开孔，从而减轻了头部的重量。其鼻孔就在眼睛下方很近的位置。有科学家认为，长颈巨龙又高又圆的鼻部可能是某种共鸣腔。

保存在柏林自然历史博物馆中的布氏长颈巨龙标本是世界上最高大的恐龙标本之一。它是从沃纳·詹尼斯收集的大量材料中，选取多个个体的骨骼化石拼接成的。

布氏长颈巨龙的发现者是德国古生物学家沃纳·詹尼斯。1909年到1912年间，詹尼斯在坦桑尼亚修复了几件恐龙标本，这些标本中包括了几块近乎完整的长颈巨龙的头骨化石。据此，詹尼斯于1914年公布了对这种恐龙的描述。布氏长颈巨龙的化石是在坦桑尼亚的敦达古鲁组出土的。在很长一段时间里，这种恐龙被划入腕龙属。2009年，古生物学家迈克尔·泰勒将北美腕龙的头骨与长颈巨龙的头骨进行对比后发现，这种来自非洲的恐龙与腕龙并不是同一属。长颈巨龙从此正式成为恐龙家族的一个独立分支。

生存年代：侏罗纪晚期
栖息地：森林
体长：25米
体重：25～35吨
发现地：非洲（坦桑尼亚）

匈牙利龙、小梁龙或畸齿龙

匈牙利龙的骨骼

匈牙利龙

匈牙利龙的背上长满了大小、形态不一的甲状结节，它是一种四足植食性动物，可能成群觅食，主要啃食漫滩上的低矮植被。

2000年，古生物学家阿提拉·奥西在匈牙利包科尼山的一处矿场附近发现了匈牙利龙化石。距今大约8500万年前，这一带离海岸线还很近，经常会被肆虐的海水淹没。奥西发现的数百块骨骼化石有四只恐龙个体，这四只恐龙应该是突然被海潮吞没，尸体被海水冲到了这个地方。

生存年代：白垩纪早期
栖息地：潮湿的森林、沼泽草甸
体长：4~4.5米
体重：650千克
发现地：欧洲（匈牙利）

小梁龙

小梁龙（*Kaatedocus*一词源于梁龙和美国克劳族印第安人语中表示"小"的词根，目前暂无中文通用译名）长着柱子似的强壮四肢，有长长的尾巴和脖子，这些特点都表明这种早期蜥脚类动物是梁龙的祖先，只不过它的"三围"要比它的后代们小。小梁龙还有一个区别于梁龙的特点，就是它长着很多长长的牙齿，这使它看起来好像总是在微笑似的。小梁龙过着群居生活，有时会吃些石头来促进消化。由于体形相当庞大，可以说它是一种没有天敌的动物。

1934年，由古生物学家巴纳姆·布朗带领的一支探险队在美国怀俄明州的贝壳村附近出土了近3000块蜥脚类动物的化石，其中甚至包括一具完整的恐龙骨架。可惜的是，由于火灾和保管不当等原因，只有300余块化石保存了下来。2012年，瑞士科学家检测了这些骨骼化石，公布了西氏小梁龙的身份。在这之前，人们还普遍认为这些化石属于一种巴洛龙（又叫重型龙，也是梁龙的近亲）。

生存年代：侏罗纪晚期
栖息地：平原林地
体长：12~14米
体重：8吨
发现地：北美洲（美国）

小梁龙是在莫里逊组北部最古老的岩层中发现的。由于大多数蜥脚类动物都生活在更靠南的地区，因此，古生物学家们推测，在数百万年的时间里，小梁龙的后代很有可能一路向南迁徙，这个过程对很多物种的演化起到了相当重要的作用。小梁龙后代的体形也变得更加庞大，这也为进化论中的"柯普法则"提供了有力支持。柯普法则认为，动物在进化过程中，体形会随着时间的推移变得越来越大，从而比竞争对手更具有生存优势。

埃雷拉龙是世界上最古老的恐龙之一。它有很多过渡性和原始性的解剖学特征。通过研究埃雷拉龙，我们了解到恐龙的很多早期演化细节。埃雷拉龙的化石是在南美洲发现的，古生物学家们相信那里也是恐龙这种生物首次出现的地方。埃雷拉龙生活在长满蕨类、巨大的木贼类和针叶类植物的漫滩上，南美的雨季经常会给它的栖息地带来汹涌的洪水。这种恐龙一般可以长到3～6米高。

畸齿龙

　　畸齿龙是最古老的鸟臀目恐龙之一。畸齿龙的身材十分矮小，但行动非常敏捷。它的身高只有45厘米左右，头部跟兔子的脑袋差不多大。从外表来看，它可能是一种植食性恐龙。从它的名字可以看出，它有着不止一种形态的牙齿，确切地说是三种。这是很不寻常的，因为大多数恐龙只有一种形态的牙齿。畸齿龙的颌骨前部长着锐利的门牙，此外还有一对犬齿，颌骨后部则长着适合咀嚼食物的白齿。我们现在还不清楚这对犬齿的用途，不过很可能是用来挖掘植物的根部和块茎的。也有人认为，它是雄性畸齿龙求偶时用来吓阻其他雄性的。畸齿龙前爪的五根趾爪中有两根是互相对应的，这或许表明畸齿龙能拾起较小的物体。

畸齿龙的头骨

生存年代：侏罗纪早期
栖息地：灌木丛带
体长：90厘米
体重：4.5千克
发现地：非洲、中南美洲（墨西哥、阿根廷）

肯氏龙、哈卡斯龙或科斯莫角龙

肯氏龙

肯氏龙又名钉状龙，它的尾部两侧各长着一排长而尖锐的钉刺，两侧肩膀上也各长着一根类似的钉刺。它的背上有两排呈板状的凸起。它可以用狼牙棒似的尾巴来抵御心怀不轨的猎食者。背部的板状凸起可能有调节体温的作用。肯氏龙的牙齿呈铲状，可以用来采食低矮植物上的叶子或果实。不过有时它也会两条腿站立，去采食高处的美食。肯氏龙的颌骨只能上下运动，是没有咀嚼功能的。

肯氏龙的化石是由德国古生物学家沃纳·詹尼斯于1910年带领探险队赴坦桑尼亚的敦达古鲁探险时发现的。经过四次发掘，总共出土了1200多块肯氏龙骨骼化石。1915年，古生物学家埃德温·亨尼首次发表了对肯氏龙的描述。大部分肯氏龙的化石都在第二次世界大战的战火中被摧毁了，只有少数幸运地保存至今，大部分保存在德国柏林自然历史博物馆。

哈卡斯龙

哈卡斯龙是一种中等体形的兽脚类恐龙，属暴龙超科中的原角鼻龙科，可以说是霸王龙的祖先。不过在哈卡斯龙时代，暴龙超科还没有进化出霸王龙那种终极的巨型肉食性动物。因此从哈卡斯龙身上，我们可以窥见暴龙称霸地球之前，不同种类的肉食性恐龙同台竞技的景象。科学家们研究哈卡斯龙的化石后发现，这种原始暴龙的身材要比它的后裔矮小得多。哈卡斯龙的体长一般只有3米，其中头部约长29厘米。

> 哈卡斯龙的化石是在俄罗斯东西伯利亚的克拉斯诺亚尔斯克边疆区发现的。它的正模标本由部分头骨碎片和几块四肢骨骼构成。2010年，俄罗斯古生物学家将它的拉丁文学名定为 *Kileskus aristotocus*。第一个词"Kileskus"在哈卡斯语中是"蜥蜴"的意思，第二个词"aristotocus"来自希腊语词根，有"高贵"的意思，指这种动物来自远古时期。

目前尚无证据表明哈卡斯龙长有图中这样的鼻冠，至今仍未发现这部分头骨化石。不过考虑到原角鼻龙科家族中的其他恐龙都有这样的鼻冠，科学家们认为哈卡斯龙也不会例外。

> 发现肯氏龙骨骼化石时，它的钉刺和甲板多半已经不在身体原来的位置了。古生物学家们在重建肯氏龙骨骼标本时，只能按照推测将它们安置在最有可能的位置上。由于它的板状凸起似乎大小不一且两两对应，于是科学家将它们由小到大排列成了两排。不过肯氏龙真正的样子是否如此，目前仍是未解之谜。

生存年代：侏罗纪晚期
栖息地：森林
体长：4米
体重：600～800千克
发现地：非洲（坦桑尼亚）

生存年代：侏罗纪早期
栖息地：森林
体长：3米
体重：150～200千克
发现地：亚洲（俄罗斯）

克柔龙的名字是希腊神话中的时间之神柯罗诺斯的谐音，它有着短粗的颈部。它很像现代海洋中的虎鲸（也叫逆戟鲸或杀人鲸）。它的头部有2~4米长，跟身子相比，大得有些不协调。克柔龙生活在距今1.1亿年前。

科斯莫角龙

科斯莫角龙因头上长着15根角状尖刺，所以又名"华丽角龙"，它是人类迄今为止发现的头上长着最多"武器"的恐龙。它的骨质颈盾上缘长着10只向前弯曲的角，眼睛上方有两只长角。这些角可能不是用来打架的，而是为了吸引雌性。科斯莫角龙的头骨十分巨大，足有2米长，几乎占据了体长的一半。

```
生存年代：白垩纪早期
栖息地：森林
体长：4.5米
体重：2~3吨
发现地：北美洲（美国）
```

在科斯莫角龙生活的时代，北美大陆还是由三个独立的岛屿型大陆组成的，大陆腹地被海洋环绕。这三个岛屿型大陆中，最西边的一个叫拉腊米迪亚大陆，科斯莫角龙就是在距今约7700万年前的拉腊米迪亚大陆南部进化出来的。由于地理条件的限制，科斯莫角龙无法向北迁徙。大约200年后，迁徙之路的大门终于为科斯莫角龙的后裔打开了。后裔出现的很多角龙亚种，如三角龙和准角龙，都是这种动物的后代。

水下世界

大多数恐龙是纯粹的陆地动物，但地球的海洋中也曾遍布史前生物，包括许多海洋爬行动物。在白垩纪，古巨龟、鲨鱼和上龙等都是海洋猎食者中的佼佼者，它们主要以鲑鱼、沙丁鱼、飞鱼和剑鱼等鱼类为食。沧龙是海洋中的顶级掠食者，是陆生巨蜥的近亲，主要生活在近海。那时，体长超过10米的鳄鱼也静静地潜伏在河流中，等待着它们的猎物。

2006年，古生物学家斯科特·理查德森在美国发现了科斯莫角龙的化石，此后又有一具科斯莫角龙的化石被发现，头骨和身体大部分骨骼都比较完整地保存了下来，古生物学家们能够比较准确地还原这种史前生物的原貌。

梅杜莎角龙、大鼻角龙或马门溪龙

梅杜莎角龙

梅杜莎角龙的两眼上方长着两只长角，颈盾上缘也有钩状弯角。洛基梅杜莎角龙中的"洛基"二字源于挪威神话中的火神（在一部美国漫画里，火神洛基戴着有一对弯角的头盔）。"梅杜莎"是希腊神话中的"蛇发女怪"，这里用来形容这种角龙颈盾上缘扭曲的弯角。

梅杜莎角龙属于角龙科下的开角龙亚科。它是目前已知的最早的开角龙，它的发现使我们得以了解后期的开角龙（如三角龙）的起源。通过对梅杜莎角龙的研究还有了另一个重大发现，那就是早期开角龙亚科动物的角要比后代的长，体形也更大。换句话说，开角龙亚科动物经过漫长的演化，体形反而变小了，角也变短了。

世界上最早发现的梅杜莎角龙标本是一具几乎完整的头骨，它是在美国蒙大拿州的朱迪思河组出土的。这些骨骼出土于20世纪90年代中期，在之后15年的时间里，人们一直把它误认为艾伯塔龙的化石。直到2010年，科学家才认定它是一个新发现的物种。这是由古生物学家迈克尔·J.瑞安证实的，也是他首次对梅杜莎角龙进行了描述。

生存年代：白垩纪晚期
栖息地：森林
体长：6米
体重：2吨
发现地：北美洲（美国）

大鼻角龙

提氏大鼻角龙身材矮壮，跟角龙家族的其他成员一样，头上也长着长角和颈盾。不过和角龙科的近亲们相比，大鼻角龙有一个独特的圆拱形大鼻子。它的角向前弯曲，很像公牛的角。雄性大鼻角龙可能也会像公牛一样抵角相斗，从角的大小能看出哪只大鼻角龙更强壮。

大鼻角龙的正模标本包括一块几乎完整的头骨、部分肋骨和四肢骨骼。它们是2013年由古生物学家埃里克·卡尔·伦德在美国犹他州凯佩罗维茨组的砂岩中发现的。由于古生物学家艾伦·提图斯对该物种的发现做出了重大贡献，因此这种恐龙被命名为"提氏大鼻角龙"。

光看那个与众不同的大鼻子，就能在角龙家族中一眼认出大鼻角龙。它的鼻骨构造在角龙家族中是独一无二的，能大大提高鼻腔的空间。这或许有助于冷却大鼻角龙的脑部，或许是为了容纳更多的软组织，使它能够发出像现代的海象一样的嘶吼声。

生存年代：白垩纪晚期
栖息地：森林
体长：5米
体重：1~2吨
发现地：北美洲（美国）

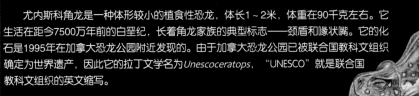

尤内斯科角龙是一种体形较小的植食性恐龙，体长1~2米，体重在90千克左右。它生活在距今7500万年前的白垩纪，长着角龙家族的典型标志——颈盾和喙状嘴。它的化石是1995年在加拿大恐龙公园附近发现的。由于加拿大恐龙公园已被联合国教科文组织确定为世界遗产，因此它的拉丁文学名为Unescoceratops，"UNESCO"就是联合国教科文组织的英文缩写。

马门溪龙

马门溪龙是一种硕大无比的四足蜥脚类动物。最引人注目的是它的长脖子——由19块椎骨组成。中加马门溪龙的脖子长达18米。这条极长的脖子支撑着一颗又小又轻的脑袋，使它可以毫不费力地吃到大树最顶端的树叶。要喂饱如此庞大的身体，马门溪龙可能每天要吃掉1吨树叶。成年马门溪龙没有任何天敌。

1952年，在中国四川省宜宾马鸣溪渡口旁的一处公路建设工地上偶然发现了世界上首具马门溪龙化石。中国古生物学家杨钟健教授将该物种命名为"建设马鸣溪龙"。"马鸣溪"指出土地点在马鸣溪，"建设"指出土地点位于建设工地上。但因口音问题，"马鸣溪"被误作"马门溪"。从那时起，又先后发现五个马门溪龙的亚种。

马门溪龙的骨骼

根据科学家们的估算，如果马门溪龙垂直伸长脖子，血压至少要达到700毫米汞柱（1毫米汞柱=0.133千帕）才能保证头部的供血，否则大脑得不到充足的氧。要达到这样高的血压，它必须要有一颗巨大的心脏，起码是同等体形鲸鱼心脏的15倍大小。如果真是这样，那对马门溪龙相当不利。所以科学家们认为，马门溪龙不会像长颈鹿那样把头抬得很高，也就是说它的脖子是无法垂直伸长的。

生存年代：侏罗纪晚期
栖息地：森林
体长：22~25米
体重：12~15吨
发现地：亚洲（中国）

恐龙时代的海洋物种
有些至今仍存在。

棘龙、皮亚尼兹基龙或皱褶龙

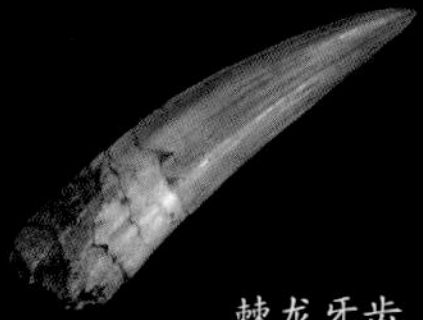

棘龙

棘龙是一种体形异常庞大的兽脚类肉食性恐龙。棘龙标本的最新研究显示：棘龙的体长可达17米，体重可达20吨，甚至超过了以体形庞大著称的暴龙和巨太龙。这台巨大的"杀戮机器"可能也是鱼类的噩梦，因为它无论在陆地还是在水中都能行动自如。它那鳄鱼似的大口中长着两排长长的圆锥形牙齿，可以巧妙地抓住水里那些滑溜溜的猎物。它的脊背上长着1.5米高的帆状长棘，故名"棘龙"。

对于棘龙背上的帆状长棘，科学家们尚未形成统一的认识。有人认为这些长棘外部是由皮肤覆盖的，还有人认为这些长棘外部由脂肪覆盖，从而隆起来。这个帆状长棘可能是用来吓唬其他猎食者，也有可能是用来吸引雌性或用来储存脂肪。如果这个帆状长棘内部分布有血管网络，那它可能还有调节体温的作用。

1912年，古生物学家理查德·马克格拉芬在埃及西部发现了一块残缺的棘龙头骨化石。古生物学家恩斯特·斯特罗默于1915年将它定义为一种新物种，取名为"埃及棘龙"。遗憾的是，这块保存在慕尼黑博物馆的珍贵标本毁于第二次世界大战的空袭之中。1996年，古生物学家戴尔·拉塞尔根据出土的一种恐龙化石的颈椎长宽比例，发现了另一种棘龙亚种——摩洛哥棘龙，但很多科学家都质疑这种棘龙亚种的存在。

生存年代：白垩纪晚期
栖息地：热带沼泽
体长：可达17米
体重：可达20吨
发现地：非洲（埃及、摩洛哥）

塞查龙的化石1977年在蒙古被发现时，它的骨骼和身体外层的甲状结构还基本保持着原始的形态，故而又被称为"美甲龙"。这种身材矮壮的恐龙浑身上下武装得十分结实，能够较好地适应干旱的生存环境。为了减少体内水分的蒸发，塞查龙主要用鼻子呼吸。它的体长可以达到6~7米。它的头部、躯干和身体外侧都有尖锐的钉状装甲，尾部呈棒槌形，可以用来自卫。塞查龙还长着骨质的次生腭，这在恐龙当中十分少见，这意味着它即使在口中塞满食物时也能顺畅地呼吸。这样它在进食时就可以咀嚼得更久些，从而更好地促进消化。

皮亚尼兹基龙

皮亚尼兹基龙是一种兽脚亚目的斑龙科恐龙。它的"三围"是科学家们根据一具没有充分发育成熟且残缺不全的骨骼标本测算出来的。这种恐龙用两条肌肉发达的后腿走路。它的前肢很短，肌肉也很发达，但完全不能与后腿相比。它主要捕食其他小型恐龙，同时也是一种食腐动物。

皮亚尼兹基龙向我们展示了一些在后世恐龙身上看不到的早期恐龙的特点。比如它的颅骨没有气腔，第二节颈椎骨没有开孔。研究皮亚尼兹基龙的标本，可以帮助我们更全面地了解早期的兽脚类恐龙。

皮亚尼兹基龙的化石是古生物学家何塞·波拿巴于1979年在阿根廷发现的。它的命名是为了向在俄罗斯出生的阿根廷古生物学家亚历杭德罗·玛蒂亚维奇·皮亚尼兹基致敬。目前发现的两具皮亚尼兹基化石都不完整，其中一具标本有部分头骨碎片。这两具标本显示它们生活在侏罗纪，从出土的地层看，它们生存的时间大致是距今1.64亿~1.61亿年前。

生存年代：侏罗纪中期
栖息地：森林
体长：4.3米
体重：450千克
发现地：南美洲（阿根廷）

皱褶龙

皱褶龙是一种中等体形的恐龙，生活在距今约9500万年前的非洲。它的头骨布满褶皱，应该是血管留下的痕迹。头骨两侧各有7个开孔，据推测可能长有某种冠状物或肉瓣，充血后可以恐吓竞争者；但这也可能正是它的弱点——由于头部布满血管，很容易在打斗中受伤，所以它可能会尽量避免冲突。它的牙齿并不十分锋利，这表明它可能主要以腐肉为食。

2000年，生物学家汉斯·拉尔森在尼日尔的撒哈拉沙漠中偶然发现了一具未知生物的头骨。由于头骨上布满褶皱，因此探险队的带队人保罗·塞雷诺便将其命名为"皱褶龙"。除了这具唯一的头骨化石，目前尚未发现其他的皱褶龙化石，这大大限制了我们对这种恐龙的认识。不过至少有一点我们是知道的：在1亿年前，皱褶龙的栖息地里植被非常繁茂，曾有大河流过。

皱褶龙是非洲发现的第一种阿贝力龙科恐龙。在它发现之前，人们只在南美、印度和马达加斯加发现过阿贝力龙科恐龙的足迹。科学家们曾以为，非洲是在1.2亿年前与冈瓦纳古陆分离的。如果这种猜想属实，那么阿贝力龙科恐龙是不可能从南美迁徙到非洲的。换句话说，皱褶龙的存在证明了在冈瓦纳古陆分裂后的很长一段时间里，南方各大陆之间都有大陆桥相连，从而使阿贝力龙科恐龙的迁徙成为可能。

生存年代：白垩纪晚期
栖息地：森林
体长：6米
体重：2~3吨
发现地：非洲（尼日尔）

似鳄龙或似鸵龙

似鳄龙

似鳄龙，顾名思义，它有不少地方与鳄鱼十分相似。与大多数兽脚类恐龙不同的是，它的颌骨又长又薄，长着约130颗向后弯曲的锯状牙齿。它主要以鱼类为食，但如果有小型陆生恐龙送上门来，它也来者不拒。它的栖息地经过漫长的岁月变迁，现在已经变成了一片干旱的沙漠。但在1.2亿～1.1亿年前，那里曾经布满热带沼泽，是特立独行的似鳄龙的理想栖息地。

2007年，古生物学家保罗·塞雷诺和他的同事们在尼日尔的泰内雷沙漠，偶然发现了一种未知的动物化石。这是一次极为幸运的发现，因为沙漠中的风恰好吹开了覆盖在一根趾骨和其他几块骨骼化石上的沙子。经过挖掘，发现了这只动物大约三分之二的骨骼。它就是"泰内雷似鳄龙"。

似鳄龙的骨骼化石有几点不同寻常的特征。首先它的拇指上长有40厘米长的镰刀状指爪，也就是说，光是它的一根指头就是一件长达70厘米的刺杀武器。它的颌骨比较轻薄，口鼻部末端有处圆形隆起，类似现代的长吻鳄。从它的身体构造看，它并不适合长时间待在水中，这表明它应该是站在河岸上捕鱼的。

生存年代：白垩纪早期
栖息地：热带沼泽
体长：12～14米
体重：3～5吨
发现地：非洲（尼日尔）

鹦鹉嘴龙生活在距今1.2亿年前的白垩纪，主要分布在今天的亚洲地区。它的体长最多不超过2米，体重一般不超过20千克。它主要用鹦鹉般锐利的喙来咬食植物。由于它没有咀嚼食物的臼齿，所以会吞下一些小石块，在胃里磨碎食物，这一点和现代的鸟类差不多。鹦鹉嘴龙首次命名于1923年，此后又陆续发现很多该物种的化石标本。迄今为止，世界上发现的鹦鹉嘴龙化石标本已经达到了400多具。

似鸵龙

似鸵龙是兽脚类恐龙。在遭遇危险时，它可以用两条修长健壮的后腿以50～80千米/时的速度逃跑。它的喙部没有牙齿，这表明它主要以昆虫、小型动物以及其他恐龙的蛋为食，也有些古生物学家认为它是一种杂食或素食动物。它的头部很小，脖子又细又长，尾巴比较僵硬。

有些研究人员认为，植物的芽和嫩枝应该也在似鸵龙的食谱上，理由是似鸵龙前肢的第二趾和第三趾只能一起运动，无法分别活动，似鸵龙可能会用它们拉拽长有诱人的果实和树叶的树枝。而似鸵龙的肩部构造不允许它的前肢做较高的拉拽动作，所以它只能将齐肩高的树枝拉拽到自己嘴边。

世界上第一具似鸵龙化石标本是在1892年出土的，当时，古生物学家奥思尼尔·马什将其命名为"似鸟龙"。1902年，又有一具残缺不全的化石标本出土，这具标本被命名为"高似鸟龙"。1917年，该物种又有一具几乎完整的骨骼化石在加拿大的阿尔伯塔省被发现。在此基础上，这种动物被命名为一个独立的属——似鸵龙属。

生存年代：白垩纪晚期
栖息地：平原
体长：3米
体重：140千克
发现地：北美洲（加拿大）

神秘的四川龙

多年以来，围绕着四川龙一直存在着很多争议。有关它的描述公布于1942年，并被正式命名为"甘氏四川龙"，而据以描述的标本仅有四颗牙齿。后来在亚洲发现的另一具残缺不全的头骨化石也被认定为四川龙的标本，然而第二具标本究竟是如何被分类的则并不清楚，对它的描述也不能令人满意。最近有研究论文认为，这具标本实际上属于永川龙而非四川龙。不过即使四川龙真的在世界上存在过，我们对它的了解也少得可怜，只知道它是一种体长约3米的肉食性恐龙，体重不超过几百千克，外表有点像异特龙。

三角龙

三角龙是恐龙家族中最著名也是最受欢迎的恐龙之一。三角龙喜欢独居，习性类似犀牛。三角龙是一种植食性动物，头上长有三只角，体重可达数吨，主要以地面上的低矮植物为食。不过它们也会用蛮力撞倒较高的植物以吃它们的叶子。它们的口鼻部末端是喙状的嘴，能够撕开坚韧的棕榈树和苏铁树的叶子，口腔后部长有用于咀嚼的臼齿。

世界上第一具三角龙标本是1887年在美国发现的，那是一块长有两只角的头骨，很快这具标本被送到了生物学家奥思尼尔·马什手中。一开始马什将标本的出土地层搞错了，还以为这是一只史前哺乳动物的头骨，便将它命名为"长角北美野牛"。后来马什意识到长角恐龙是确实存在的，于是建立了三角龙属。目前世界上已有两具被确认的三角龙标本，另有七具标本据说也是三角龙的化石，但可信性存疑。

生存年代：白垩纪晚期
栖息地：森林
体长：9米
体重：5吨
发现地：北美洲（美国、加拿大）

三角龙的化石为我们揭开了关于它的生活方式的很多秘密。科学家们曾在三角龙化石上发现过暴龙的咬痕，说明这两种恐龙之间曾经发生过激烈的搏斗。三角龙的颈盾上也有很多伤痕，研究人员认为，这是三角龙种群内部的打斗造成的。科学家们在一具三角龙头骨上发现了一个正在愈合的伤口，从形状上看，那应该是另一只三角龙的角造成的。

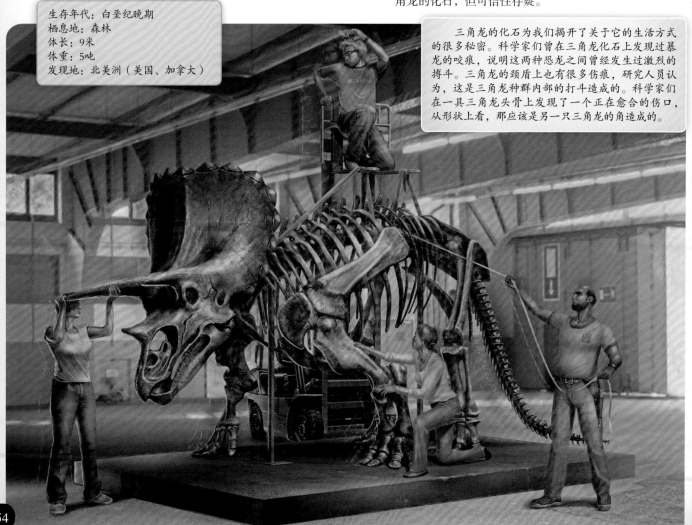

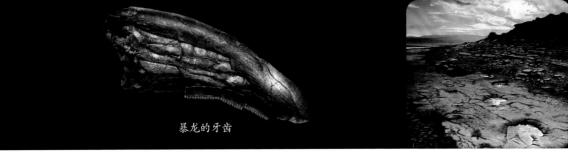

暴龙的牙齿

兽脚类恐龙的足迹

暴龙

暴龙也叫霸王龙，它应该是所有恐龙中知名度最高的一种了。在暴龙的年代，这种可怕的生物绝对是地球上顶级的猎食者。目前发现的最完整的一具暴龙标本有12米长，体重5～7吨。暴龙大口张开后可达1米，它的牙齿有0.25～0.3米长，可以轻易撕碎猎物并咬断它们的骨头。暴龙的主要狩猎方式是突袭，即先是静静地等待时机，然后突然暴起，冲向它的猎物。暴龙也吃腐肉。

有些学者认为，暴龙应该是一种单纯的食腐动物。首先它们的前肢太短了，不适合用来抓捕猎物。其次暴龙有着极为敏锐的嗅觉，这一点也是食腐动物的特征。另外它的速度也比较慢，跑不过很多潜在的猎物。反对这种观点的科学家则指出，暴龙的身体协调性极佳，而且双目有着非常出色的视野，这正是以狩猎为生的肉食性动物的特点。最直接的证据就是许多恐龙的骨骼化石上都出现了暴龙的咬痕，这些伤口显示出了愈合的迹象，证明这些猎物曾经逃脱了暴龙的攻击。

世界上最早的暴龙标本是几枚牙齿化石，它是地质学家亚瑟·莱克斯1874年在美国的科罗拉多州发现的。最完整和最大的一具暴龙标本是在1990年发现的，为了纪念它的发现者休·亨德里克森，人们又给这具标本起了一个昵称——"休"。1983年，美国新墨西哥州发现了暴龙的足迹化石，这是暴龙研究领域的一个重大发现。通过研究暴龙的足迹，科学家们能够更深入地了解这种恐龙的运动方式。

生存年代：白垩纪晚期
栖息地：森林、沼泽
体长：12米
体重：5~7吨
发现地：北美洲（美国、加拿大）、亚洲（蒙古）

食物金字塔

无论在现代还是在恐龙的时代，植物都是食物金字塔的最底层，它们的多样性程度最高，基数也最大，是纯粹的生产者。植食性动物位于食物金字塔的第二层，它们是初级消费者，能够将植物的营养转化成自己的能量。肉食性动物位于金字塔的第三层，它们以植食性动物为食，能够将植食性动物的肉转化成自己的能量。食物金字塔越靠近塔尖的地方，生物种群及个体的数量就越少，因为每一层能够支持的"消费者"变得越来越少了。这一点从化石研究上也能看出来。在迄今为止人类发现的所有恐龙化石中，植食性动物的化石约占总数的65%，肉食性动物约占35%。

伶盗龙、伤齿龙或怪踝龙

沱江龙是一种生活在侏罗纪晚期的植食性动物，背部有两排尖板状突起，尾巴末端长有几根尖刺。

伶盗龙

伶盗龙的体形纤细修长，天生适合高速奔跑。伶盗龙的尾巴根部生有骨化的肌腱，所以它们的尾巴不太容易向垂直方向弯曲。但是在高速冲刺和突然转向时，它的尾巴却可以充当一个很好的"平衡舵"。伶盗龙是肉食性动物，它的牙齿较小，虽然能够撕开猎物的肉，却还不足以对猎物施以致命的一咬。很多人认为伶盗龙是一种集体狩猎的动物，然而有证据表明，它很可能是单独狩猎的。根据最近的发现，伶盗龙的身上长有羽毛，很像现代的一些不能飞翔的鸟类。

世界上第一具伶盗龙标本是1923年在蒙古的戈壁沙漠上发现的，发现者是一支美国探险队。这次发现的化石包括一枚完整的头骨和第二根足趾的镰形趾爪。1924年古生物学家亨利·费尔菲尔德·奥斯本首次描述了它，他将这种恐龙命名为"蒙古伶盗龙"。接下来的几十年，苏联和波兰的古生物学家延续了美国人对伶盗龙的研究。正是在这一时期，古生物学中著名的"二龙相斗"化石被发现了。该标本罕见地保存了一只伶盗龙和一只原角龙搏斗的姿势。

1971年，波兰和蒙古的研究人员有了惊人的发现。他们出土了一具伶盗龙与原角龙死死地扭打在一起的化石标本。伶盗龙用镰刀形的利爪刺伤了原角龙的颈部，而原角龙在剧痛中死死地咬住了伶盗龙的前肢。这个证据首次有力地驳斥了伶盗龙能用它的爪子将猎物开膛破肚的说法。2005年，科学家们曾进行过一次测试，看伶盗龙的爪子是否能将猎物开膛破肚，结果是否定的。目前最为人接受的说法是，伶盗龙是通过将利爪插入猎物的喉咙将其杀死的，这种攻击方式可以对猎物的颈静脉和气管造成致命的伤害。

生存年代：白垩纪晚期
栖息地：森林
体长：1.8米
体重：20千克
发现地：亚洲（蒙古、中国）

伤齿

伤齿龙

　　伤齿龙是一种小型兽脚类恐龙，它身上有很多鸟类的特征。它长着镰刀状的爪子，中趾趾爪可以收缩。它的大脑也比一般的恐龙大，这有助于它更好地协调身体运动和处理视觉信息，因此移动的速度很快。伤齿龙眼睛的位置和大小表明它拥有立体视觉，而且即便在弱光中也能看得很清楚。伤齿龙的牙齿内缘像植食性动物一样呈锯齿状，所以古生物学家们认为它是一种杂食动物。

　　伤齿龙的发现可以追溯到19世纪中叶，当时的古生物学家约瑟夫·莱迪获得了一枚恐龙的牙齿。莱迪据此将该物种命名为"伤齿"，当时他以为这是一种蜥蜴的牙齿。1932年，又有部分该物种的化石出土，其中包括一枚趾爪化石，古生物学家斯腾伯格将其命名为"细爪龙"。1987年，经过对该物种化石的重新研究，这一物种被改称为"伤齿龙"。

> 　　目前，我们对伤齿龙的繁殖行为已经有了相当程度的了解。伤齿龙有筑巢行为，会用泥土搭建一个直径1米左右的巢，并且给巢垒一个高高的"防御带"。它们在筑巢时并不使用草木等植物材料。伤齿龙一次能产下15～25枚蛋，然后用体温孵化。从蛋与身体的比例来看，负责孵蛋的应该是雄性伤齿龙。在发现的伤齿龙蛋化石里，胚胎的发育程度基本相同。这表明伤齿龙夫妻是等所有的蛋都产下之后才坐在上面孵蛋的，从而保证它们的子女能在同一时间孵化出来。

生存年代：白垩纪晚期
栖息地：平原
体长：2米
体重：60千克
发现地：北美洲（美国、加拿大）

怪踝龙

　　怪踝龙是一种兽脚类恐龙，属于阿贝力龙科家族的一员。它的脚后跟、踝关节和胫骨长成一块，故而得名"怪踝龙"。虽然目前尚未发现怪踝龙的头骨化石，但它很可能跟阿贝力龙科家族的其他成员一样，头骨上长有开孔和隆脊，口鼻部长有钝吻，用两条短粗的后腿走路，前肢退化得十分短小，没法用来抓捕猎物。

　　世界上第一具怪踝龙标本是古生物学家胡安·卡洛斯·休托于1980年在阿根廷的丘布特省发现的。由于当时只发现了两根肋骨化石，因此无法对该物种进行归类。后来，何塞·波拿巴带领的一支探险队发现了更多该物种化石，其中最有代表性的就是该物种的右后腿化石。据此，古生物学家里卡多·马丁内斯与他的同事们公布了对该物种的描述，并将其命名为"波氏怪踝龙"，以纪念那位发现怪踝龙腿骨化石的古生物学家。

生存年代：白垩纪晚期
栖息地：平原
体长：2米
体重：60千克
发现地：北美洲（美国、加拿大）

> 　　怪踝龙最引人注目的特点就是它的腿。它的脚后跟、踝骨和胫骨完全长成了一根骨头，中间既没有骨缝，也没有关节，说明这并非疾病或者骨折后愈合不当导致的。怪踝龙的足部为何会出现这种变异，原因还不清楚。或许这有助于怪踝龙进行快速运动，并且能够提高它身体的稳定性。

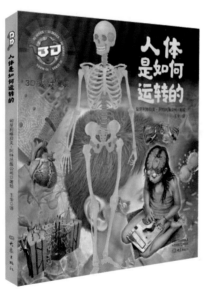

3D 视觉大发现

世界是如何运转的？万物是如何形成的？
透过 3D 眼镜，揭开天地万物背后运转的秘密……